给忙碌青少年讲天体物理

霍金科学传播奖得主
写给孩子的宇宙通识读物

[美] 尼尔·德格拉斯·泰森

[美] 格里高利·莫内 ————————— 著

阳曦 译

天津出版传媒集团

天津科学技术出版社

著作权合同登记号：图字 02-2020-383

ASTROPHYSICS FOR YOUNG PEOPLE IN A HURRY

Copyright © 2019, 2017 by Neil deGrasse Tyson

First Edition published by W.W.Norton & Company, Inc.

Simplified Chinese translation copyright © 2021 by United Sky

(Beijing) New Media Co., Ltd. ALL RIGHTS RESERVED

图书在版编目（CIP）数据

给忙碌青少年讲天体物理：霍金科学传播奖得主写给孩子的宇宙通识读物 / （美）尼尔·德格拉斯·泰森，（美）格里高利·莫内著；阳曦译. -- 天津：天津科学技术出版社，2021.5（2024.6重印）

书名原文：ASTROPHYSICS FOR YOUNG PEOPLE IN A HURRY

ISBN 978-7-5576-8980-3

Ⅰ.①给… Ⅱ.①尼… ②格… ③阳… Ⅲ.①天体物理－青少年读物 Ⅳ.①P14-49

中国版本图书馆CIP数据核字(2021)第062781号

给忙碌青少年讲天体物理：霍金科学传播奖得主写给孩子的宇宙通识读物

GEI MANGLU QINGSHAONIAN JIANG TIANTIWULI：HUOJIN KEXUE CHUANBOJIANG DEZHU XIEGEI HAIZI DE YUZHOU TONGSHI DUWU

选题策划：联合天际

责任编辑：布亚楠　胡艳杰

助理编辑：马妍吉

出　　版：天津出版传媒集团
　　　　　天津科学技术出版社

地　　址：天津市西康路35号

邮　　编：300051

电　　话：（022）23332695

网　　址：www.tjkjcbs.com.cn

发　　行：未读（天津）文化传媒有限公司

印　　刷：北京雅图新世纪印刷科技有限公司

开本710×1000　1/16　印张12.5　字数102 000

2024年6月第1版第4次印刷

定价：58.00元

关注未读好书

客服咨询

图中的碟状星系下方有一颗正在爆炸的明亮恒星，正是这样的星星帮助天文物理学家确定了一件事：宇宙膨胀的速度超出我们的预期。

目录

晴朗的夜空为你展示恒星、星际尘埃和拥挤的银河系的壮观景象，开阔你的眼界，让你的头脑更加开放。

推荐序 1

翻开这本书，我有种熟悉的感觉，因为我和这本书的作者尼尔·泰森一样，也曾在天文馆为前来参观的朋友们讲述宇宙的故事。从古至今，人们对头上这片星空总有太多的"是什么"和"为什么"要问，正是这种好奇心推动着科学不断发展。

在过去二十年时间里，我常常与喜欢天文的同学们在一起畅谈宇宙，在一双双为天文而着迷的眼睛中，我看到了当年的自己。正如这本书的书名提到的，青少年们是忙碌的，课堂和作业占据了他们生活的大部分时间，但我希望同学们在忙碌之余，不要忘了仰望星空，学会用宇宙视角看待世界万物。

在这本书中，作者用巧妙的比喻和生活中常见的例子向青少年们解释了宇宙大爆炸、物理定律、暗物质与暗能量等概念，也与大家一起猜想外星人的存在、一起到未知区域探险。作者在书中介绍了许多关于宇宙的基础知识，但并不枯燥难懂，在解答疑惑的同时又提出许多新奇的问题，让青少年对天体物理学怀有一颗探究之心。书中的精彩图片，有些来自世界上最先进的望远镜与最优秀的科学家，神秘动人的宇宙奇观，让我们可以暂时忘记自己身在地球，把思绪放飞到太空深处。

培养兴趣与热爱，激发好奇心，吸引更多有志的青年投身科学，正是我从事天文科普工作的初心。相信同为天文馆馆长的尼尔·泰森也与我有着同样的心情。在浩瀚无垠的宇宙面前，我好像也变回了那个好奇心永不满足的少年。地球之外，时间和空间都更加广袤，我相信这本书能够成为探索未知的一个起点，期待青少年们能从此出发，向更美好的未来前行。

朱进

北京天文馆前馆长

推荐序2

一百多年前，梁启超先生在《少年中国说》一文中写道"少年强则国强"，这句话曾经激励了一代又一代青少年发愤图强、为国争光。青少年的身心发展极其迅速，在这个阶段，他们有着极强的好奇心，对世界和宇宙充满了各种疑问，同时也对知识有着极大需求。在这个阶段，做对一件事或者阅读一本合适的书可谓至关重要，甚至会影响终生。

本书作者尼尔·泰森在九岁时因为看了一场星空球幕电影而被深深震撼，从而立志要成为一名天体物理学家。我自己现在是一名天体物理学家，同样也是小时候对星空产生兴趣的缘故。读中小学的时候，我对星空特别感兴趣，不过遗憾的是，在当时我所处的二十世纪八十年代的西北小镇，相关的书籍极其有限，我对宇宙的兴趣只能通过《十万个为什么》以及偶尔在杂志上看到的信息来满足。即便如此，十几岁的我在听到国内也开设了天文专业的时候，还是当即立志探索宇宙奥秘。而如今，我如愿以偿。现在回想起来，尽管当时条件艰苦，无法给我提供很多支持，但是我的家庭并没有对我的兴趣进行过多限制，这使我能够自由地选择，并为我的兴趣在后来持续发展提供了很大的空间。

几年前，习近平总书记提出"科技创新、科学普及是实现创新发展的两翼"。如何培养科技人才？兴趣是最好的老师。但因好奇心而引发的兴趣也像小树苗一样珍贵而脆弱，需要悉心呵护。中国科普作家协会理事长周忠和院士最近在回答如何培养青少年对科学兴趣的时候也说："要在尊重的基础上，进行价值引导，为他打开很多扇窗。"而阅读正是一种为青少年打开兴趣之窗的方式。

在最需要的时间碰到最合适的书堪称乐事。这本有关宇宙的书就是为青少年量身定制的一部作品。作者尼尔·泰森是美国自然博物馆海登天文馆馆长，也是继卡尔·萨根之后又一位深受大家喜爱的天体物理学家。每每去听他的讲座，人们都能够深切地感受到他对星空发自肺腑的热爱与热情。他使用了很多我们熟悉的事物去解释遥远的星空，让看似深邃的宇宙不再陌生，反而富有温情和诗意。正因如此，他写的《给忙碌者的天体物理学》（成人版）才让更多人对头顶的星空有了新的认识。青少年对世界的认知和成年人不尽相同，自然需要用不同的语言和方式来讲述。正是出于这样的考虑，这本畅销书又被改编成了面向青少年的科普读物，以青少年熟悉的视角和语言风格讲述宇宙中的趣事，还加入了很多插图以便同学们理解。

宇宙如此浩瀚，或许这本书就像一颗星，会点亮青少年探索未来的那盏明灯。

愿我们的少年拥有一个自由的心灵，愿他们的兴趣在好书的陪伴下茁壮成长。

苟利军

中国科学院国家天文台研究员

中国科学院大学教授

推荐序3

忙碌的小朋友们，你和遥远的星星有过对话吗？你曾想象接收外星人传递的信息吗？翻开这本书，你就仿佛打开探秘太空之门，走进了神奇的天体物理学世界。

天体物理学？！没被这高深的学科名称吓跑吧？你真了不起！更了不起的是这两位优秀的天文学家和科普作家，他们共同把听起来很复杂的天体物理学用简单的方式讲给你，让你对神秘莫测的宇宙产生无限遐想。

如果你是一个问号多多的小朋友，这本书会给你许多答案。你可能现在就会懂，也可能将来才会懂，不过好奇心将引领你不断去探究：

宇宙如何诞生？宇宙中都有什么？

我们的地球是蓝色的吗？地球上的元素来自哪里？

我们是谁？我们来自哪里？组成我们的物质是什么？

这些问题的答案从何而来？科学家是如何寻找证据的？

科学家对宇宙的研究经常陷入迷茫，毫无头绪，但他们热爱这种困境，乐于拥抱未知、探究未知，这让他们无比兴奋。你是不是也能感受到同样的兴奋呢？你有没有成为科学家、成为天体物理学家的冲动呢？

即使你很忙，也可以先放下手中的作业，放松心情，让这本书带给你全新的阅读体验：很多不懂的专业知识和概念都被用有趣的比喻来形容、用幽默的例子来解释，不知不觉中，你就在天体物理学走廊里进行了一次次时空穿梭。

翻开这本书，你就无法停下，每一章都让你对宇宙有更深一层的了解。你将跟随作者的脚步，先从宇宙的视角了解已知与未知；再回到地球，从地球的视角一步步探索宇宙。

宇宙大爆炸诞生的不只是物质，更重要的是普适的宇宙规律，这是我们了解宇宙的起点。而在地球上，我们要先认识自己的星球，再去认识其他的星球和星系。我们为什么要去认识宇宙？认识宇宙的基础是什么？宇宙中是否存在其他生命？这本书引导我们思考，给出解释，而更多的未知领域还有待你们去探索。

这本书中不少实例是作者从自身的经历引出的，他分享了很多自己儿时的想法和经历。他带着我们遨游在天体物理学的知识海洋，不断翻起好奇心的小浪花，也让我们的心胸和视野从个人的小世界扩展到整个地球、整个银河系、整个宇宙。读完这本书，愿所有的小读者都能获得尼尔·泰森所说的"宇宙视角"，心怀宇宙的气度，成长为志存高远的少年。

沈耘

北京市海淀区中关村第二小学副校长

推荐序 4

记得在郭帆导演的工作室观看《流浪地球》样片的时候，我与一群科学家、作家和教师们坐在一起，从各自的视角解读这部电影，并畅想其教育价值。在电影中，人类已经奔向浩瀚宇宙；而现实里，对"星辰大海"的进一步探索还寄望于年轻一代的努力。作为一位中学老师，我深知在青少年阶段培养科学兴趣的重要性。

在物理教学中，我参与过很多次科普活动，最难忘的就是2013年6月担任"神舟十号—天宫一号"太空授课的地面课堂教师的经历。那一次与航天事业的全面接触也让我意识到，推动学生立志探索太空奥秘是一种使命。从那时起，我就有意识地在教学中加入航天、宇宙、科学和工程技术相结合的元素，希望学生们能够在有限的中学时代尽可能多地接触未知、开阔思维。要实现这一点，一种做法就是让学生更广泛地接触科普知识，将学生的思维从有限的教学内容中拓展出去。

身为老师，我有必要为学生精心准备适合的读物——有广度但不能冗长，有专业性但不能晦涩，有趣味性又要贴近课堂，这本《给忙碌青少年讲天体物理》是很好的选择。

作为一本科普读物，《给忙碌青少年讲天体物理》既能满足中学生课外阅读的需求，又与其他课外书有所不同。它是天体物理学的入门读物，但更像是一个成长的故事：一个对宇宙产生兴趣的孩子，长大后踏上科学之路，最后成为天文学专家。

高深的概念在作者的娓娓道来中化繁为简，非常贴近青少年的认知基础；全书几乎没有物理公式，却能将一个个宇宙概念融会进青少年的心扉。此外，本书循序渐进的写作风格和将抽象与实际相关联的教育理念也能给广大教育工作者以启发。

"热爱"是本书中多次出现的词语——热爱科学、热爱困境、热爱某个行星或元素，热爱科学的读者，一定会与作者产生共情。激发青少年对探索未知的热爱，以至对科学事业的热爱，是一本书推动青少年进步的最高境界。

相较于简单了解天体物理学的知识，作者更希望青少年能从宇宙视角看待万物、看待生命的价值，他以谦逊平和的语气倡导着包容和协同，这正是一种关爱全人类的命运共同体情怀。

总之，我希望青少年朋友们乐于翻开这本书并读完这本书，开卷有益，愿此书帮助你们打开探索宇宙、探索未知的大门！

宓奇

人大附中三亚学校校长

自序 为了观星而遛狗

9岁时，我决心要做一名天体物理学家。直到今天，我仍记得那个夜晚。天上满是星星：北斗、木星、土星……一颗流星坠向地平线，我看到一团云一般的东西在空中移动。但那不是云，而是我们在宇宙中的居所——银河系，这片宇宙空间中充斥着千亿颗恒星。近一个小时的时间里，我一直好奇地仰望着这方星空的运动。

直到灯光重新亮起，我才意识到自己坐在美国自然博物馆的天文馆里。

我刚才看到的只是一场星空秀，但这丝毫没有减弱它的冲击力。那天晚上，我知道了自己长大后想做什么—— 一名天体物理学家。

那时候，我连"天体物理学"这个词都拼不出，但它其实是个相当简单的概念。天体物理学研究的是行星、恒星等天体，以及这些天体的运作和互动机制。

天体物理学家会研究黑洞，这些"怪物"能吞噬自身影响范围内的所有光和物质。我们也会在天空中寻找超新星的踪迹，那是垂死的恒星在爆炸时迸发的璀璨光芒。

我们是一群充满好奇心的怪人。对天体物理学家来说，一年意味着我们这颗行星绕着太阳转了一圈。如果你去参加天体物理学家的生日派对，那你很可能听到大家一起唱：

祝你绕太阳转圈快乐……

我们时刻不忘科学。最近，我的一位演员朋友半开玩笑地给我读了一段经典睡前故事——《晚安，月亮》（*Goodnight Moon*）。不需要科学家的讲解你也知道，奶牛不可能像书里那样跳过月亮。但天体物理学家可以告诉你要完成这项艰难的挑战需要满足的条件：如果这头奶牛对准月亮在3天后应该运行到的位置，然后以大约4万千米的时速奋力一跃，那它没准真有机会跳过月亮。

9岁的我对天体物理学没什么了解，我只是想了解自己在天文馆星空秀里看到的景象，以及真实的宇宙是不是真的那么迷人。起初，我和朋友一起带着他自制的双筒望远镜偷偷爬上自家公寓的天台研究星空；后来，为了给自己买个望远镜，我开始替人遛狗。狗有大有小，有的脾气糟糕，有的温和可亲，有的披着雨衣，还有的穿靴戴帽。为了看星星，这些狗我都遛过。

在那之后的岁月里，我用过的望远镜越来越大，观星的地点也从纽约的屋顶天台换成了南美的山巅，但始终不变的是我对了解宇宙的渴望，以及与尽可能多的人分享这份渴望的热忱。

比如说你。

我并不指望每位读者在读完本书之后都马上立志成为天体物理学家，但这本书也许会激发你的好奇心。如果你曾仰望夜空，暗自琢磨：这一切意味着什么？它有着怎样的运作机制？我在宇宙中居于何等地位？那么我推荐你继续往下读。《给忙碌青少年讲天体物理》会帮助你理解一些主要的概念和发现，科学家对宇宙的思考正仰赖这些基础知识。如果我成功了，你就可以在晚餐桌上让父母大吃一惊，就可以给老师留下深刻印象。在晴朗的夜晚仰望星空时，你自己也将有更深的理解和感悟。

　　所以，让我们开始吧。我们可以从两个最大的谜团——暗物质和暗能量——开始，不过在此之前，不妨先阅读一下我心目中最伟大的故事——生命的故事。

尼尔·德格拉斯·泰森

20 世纪，天文学家在这个旋涡星系里发现了 8 颗爆炸的恒星，因此它被命名为"焰火星系"。

有史以来最伟大的故事

★

宇宙大爆炸之初

起初，近140亿年前，整个宇宙比这个句子末尾的句号还小。

到底有多小呢？不妨把这个句号想象成一张比萨饼，然后再把这张比萨饼切成一万亿片。万事万物——包括组成你的身体、你窗外的树木或建筑、你朋友的袜子、矮牵牛花、你的学校、我们这颗星球上最高的山脉和最深的海洋、太阳系乃至其他遥远星系的粒子，宇宙中所有的空间、能量和物质都挤在这个点里。

而且它很烫。

环境如此酷热，又有这么多东西挤在这么小的空间里，宇宙能做的事只剩下一件。

那就是膨胀。

飞快地膨胀。

今天，我们将这个事件称为"大爆炸"，在亿万分之一秒（确切地说，是一千亿亿亿亿亿分之一秒）的时间内，宇宙急速膨胀。

对于宇宙生命在最初这个瞬间的事情，我们到底了解多少？不幸的是，非常少。今天我们知道，四种基本力控制着世间的一切，从行星的运行轨道，到组成我们身体的粒子。但在大爆炸之后的那个瞬间，这四种力仍纠缠在一起。

宇宙在膨胀中冷却。

这个瞬间被科学家称为"普朗克时期"，因德国物理学家马克斯·普朗克（Max Planck）而得名。在这个瞬间快要结束的时候，有一种力从混沌中挣脱出来。这种力将组成星系的恒星和行星聚集在一起，让地球围绕太阳旋转，也让10岁的小朋友没法灌篮——它便是引力。引力无处不在，我们可以通过一个简单的实验体验它：请合上这本书，把它举到离你最近的桌面上方几厘米的位置，然后放手。接下来，你看到的便是引力造成的结果。（要是你的书没往下掉，请立即联系离你最近的物理学家，告诉他宇宙出了大麻烦）

不过，在早期宇宙最初的短暂瞬间，行星、书本和10岁的篮球运动员都不存在，所以引力也没处施展身手。引力最擅长操控庞大的物体，然而早期宇宙里的一切都小得超乎想象。

但这只是开始。

宇宙继续膨胀。

接下来，自然界中另外三种主要的力彼此分开。[1]这些力的主要任务是控制充斥宇宙的粒子，或者说小块物质。

一旦这四种力完全分开，我们就拥有了搭建宇宙所需的工具。

1　这四种力分别是引力、强力、弱力和电磁力。稍后我们将进一步介绍它们。

你能在火星上灌篮吗？

我们不妨假设你真能去往火星，尽管这个任务并不简单；你还有一套足够宽松的宇航服，能让你自由地跳起来。特定行星或卫星的引力强度取决于它的质量。火星比地球轻，因此它的引力相当于地球的1/3，所以你的确有可能跳得足够高。不过，要是有一天你真的去了火星，我希望你不要浪费时间去打篮球，大把更有趣的事情等着你去看、去做。

★

大爆炸万亿分之一秒后

★

宇宙依然难以想象地小而热，但里面开始挤满粒子。这时候的粒子有两种，它们分别叫作夸克——听起来和"马克"押韵——和轻子。夸克的性质十分古怪。你永远不可能抓到落单的夸克，它总是和附近的伙伴"勾肩搭背"。我敢打赌，你至少认识一位这样的朋友或者同学。夸克就像那些不愿落单的孩子，哪怕上厕所都得搭伴。

物质的众多名字

有人警告我说，向年轻读者介绍太多的名称和术语并不明智。所以我将努力克制列出宇宙中所有夸克类型的冲动——譬如上夸克、下夸克、奇夸克和粲夸克。但我还是觉得你应该了解一下夸克和轻子，整个可见的宇宙都由这些粒子组成，包括你在内。另外我还注意到，孩子们真能记住各种恐龙的复杂名字。当然，有的恐龙凶猛可怕，值得让人记住。不过我再强调一次，现在我们讨论的可是组成宇宙的东西！粒子也很迷人，尽管它们没有恐龙那么凶猛，但要是没有它们，那些恐龙根本就不会存在。

两个或两个以上的夸克被分开得越远，将它们束缚在一起的力就会变得越强——它们就像被某种看不见的微型橡皮筋绑在一起。但要是夸克被分开得足够远，橡皮筋就会绷断，储存的能量就会在断裂的两头分别创造出一个新的夸克，于是被分开的伙伴各自获得了一位新朋友。假如同样的事情发生在你们学校里那些"连体婴"身上，他们每个人都会一分为二。当然，对你们的老师来说，这将是个大麻烦。

　　而另一方面，轻子却是"独行侠"。将夸克束缚在一起的力对轻子不起作用，所以它们不会聚集成群。最有名的轻子是电子。

　　除了这些粒子以外，宇宙中还充斥着沸腾的能量，能量被裹在波状的小包裹里，这些光能量团叫光子。

　　事情从这里开始变得奇怪起来。

　　宇宙如此炽热，所以光子会不断转化成物质-反物质粒子对，这些粒子对又会相互碰撞，再次转化为光子。但出于某些神秘的原因，这种转化有十亿分之一的概率产生一个落单的物质粒子，没有反物质粒子与它配对。要是没有这些孤单的幸存者，宇宙中就不会有物质存在。这是件好事，因为我们都是由物质组成的。

　　我们的确存在，而且我们知道，随着时间的流逝，宇宙不断膨胀、冷却。在它膨胀得比我们的太阳系还大的过程中，它的温度也在迅速下降。虽然这时的宇宙还很热，但它已经降到了1万亿开氏度以下。

★

大爆炸百万分之一秒后

★

　　宇宙已经从句号的亿万分之一膨胀到了和我们的太阳系差不多

反物质

宇宙中的主要粒子——包括我们刚刚介绍过的夸克和轻子——都有性质与它处处相反的双胞胎反粒子。以轻子家族中最著名的电子为例，电子拥有一个负电荷，而它的反粒子——正电子——则拥有一个正电荷。不过我们不太看得到反粒子，因为反粒子一旦形成就会立即去寻找它的双胞胎兄弟，它们的相见从来就没什么好结果。这对双胞胎会彼此湮灭，转化为爆发的能量。这个故事请见物理学家乔治·伽莫夫（George Gamow）的著作《物理世界奇遇记》（The New World of Mr. Tompkins）第三章。今天，科学家在大型实验中利用原子的碰撞来创造反物质粒子。我们跟踪空间中的高能碰撞来观察它们。不过要说最容易找到反物质的地方，可能还得数科幻作品。《星际迷航》（Star Trek）电视剧集和电影里那艘著名的"企业号"星舰就是靠反物质引擎驱动的，反物质也是漫画里的常客。

我们如何衡量温度

也许你已经学会测量温度，但要描述一个系统的温度，有几种不同的方式。美国人习惯用华氏度，欧洲和全球其他大部分地区则以摄氏度为标准。天体物理学家使用开氏温标，这套温标下的零度是绝对零度。任何东西都不可能比绝对零度更冷。0开氏度约等于−273.15摄氏度。我并不反感其他温标。日常生活中我乐于使用华氏度，但在思考宇宙的时候，我想到的肯定是开氏度。

大，也就是说，直径近3 000亿千米。

1万亿开氏度，这个温度比太阳表面热得多，但比大爆炸之后的那个瞬间已经冷却了不少。这个温吞吞的宇宙温度和密度都不足以继续"烹制"夸克，所以夸克纷纷抓紧"舞伴"，创造出更重的粒子。它们的组合很快带来了我们更熟悉的物质形态，譬如质子和中子。

烹制宇宙物质的简单菜谱

1.从夸克和轻子开始。

2.组合夸克，形成质子和中子。

3.将质子、中子和电子（一种带负电荷的轻子）组合成最早的原子。

4.将这些原子混合在一起，制造出分子。

5.将分子以各种不同的形式搭配组合在一起，制造出行星、矮牵牛花和人。

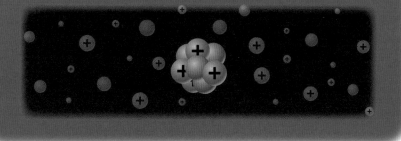

★

截至现在，大爆炸刚刚过去了 / 秒

★

宇宙的直径已经膨胀到了几光年，大约相当于太阳和离它最近的恒星之间的距离。温度降到了10亿开氏度。这还是很热，足以"烹制"小小的电子和它们的搭档——正电子。这两种粒子不断诞生，彼此湮灭，然后消失。但电子和其他粒子都遵循同一条法则：它们有十亿分之一的概率幸存下来。

其余的则相互摧毁。

宇宙的温度降到了1亿开氏度以下，还是比太阳表面热。

四种基本力

控制宇宙的四种基本力如下。

1. 引力，这个你已经知道了。

2. 凝聚原子核内部粒子的强力。

3. 弱力能让原子破碎，从而释放出能量。但弱力不弱，它比引力强得多，只是没有强力那么强。

4. 电磁力将带负电的电子和原子核内带正电的质子束缚在一起。它还将原子束缚在一起，组成我们所说的分子。

不过简而言之：引力束缚大家伙，其他三种力则作用于小不点。

更大的粒子开始彼此聚合。组成我们今天能看见的宇宙——包括恒星和行星、你窗外的树木或建筑、你朋友的袜子、我的胡须——的原子所需的基本元素终于走到了一起。质子与中子、其他质子共同组成原子的核心，我们称之为"原子核"。

大爆炸已经过去了2分钟

正常情况下，宇宙中呼啸而过的电子会被质子和原子核吸引。电子带有一个负电荷，质子和原子核则携带正电荷，异性相吸。可这些粒子为什么会携带正电荷和负电荷呢？或者你还会问，异性为什么相吸呢？

它们就是这样。

我真想告诉你一个更好的答案，但宇宙没有义务为我们提供合理的解释。我只能说，这两个概念背后都有很多很多年的科学研究支持。

既然异性相吸，那么接下来你肯定觉得质子和电子会紧紧黏在一起。不过在接下来的几千年里，宇宙的温度还是太高，这些粒子根本无法安定下来。电子自由游荡，撞得质子东倒西歪，自由电子就爱干这事儿。

什么是电性?

每个人都有不同的气质或特性。有人善良,有人慷慨,也有人不友善。这些特性能帮助我们定义自己。电性是物质的基本特性之一。有的粒子带正电,例如质子;有的带负电;还有一些完全不带电,譬如中子。拥有相同电性的两种粒子会互相排斥,电性相反的粒子——例如质子和电子——则会相互吸引。

宇宙温度降到3 000开氏度(大约相当于太阳表面温度的一半)时,这样的局面就结束了,所有自由电子都和带正电的质子结合在了一起,它们结合产生的所有光子至今仍原封不动地在宇宙中穿行——直到今天,科学家仍能探测到这些光。我们将在第三章中进一步讨论这部分内容。

★

大爆炸之后 38 万年

★

这幅通过望远镜拍摄的画面让我们看到了银河系中心附近的数十万颗恒星。

宇宙继续膨胀，像一只不会爆炸的气球。膨胀过程中，宇宙逐渐冷却，引力开始起效。最开始的几十万年里，粒子到处乱跑，就像幼儿园操场上的小朋友。然后引力将这些碎片凝聚起来，形成宇宙中的城市，我们称之为星系。

近一千亿个星系成形了。

每个星系拥有几千亿颗恒星。

这些恒星像高压锅一样，迫使微小的粒子聚合形成越来越大的元素。最大的恒星积聚了极高的热和压力，制造出铁这样的重元素。

巨型恒星内的元素如果一直停留在自己诞生的地方就没什么用处。但这些恒星并不稳定。它们会爆炸，将自己内部的物质抛洒出去。

宇宙诞生90亿年后，在宇宙中一个平凡星系的一块平凡区域里，一颗平凡的恒星诞生了，它便是太阳。

它是怎么形成的？引力慢慢聚集起一大片气体云，里面充斥着粒子和包含多余质子、中子的重元素。在这些粒子围绕彼此旋转的过程中，引力迫使它们不断靠近，最终发生碰撞，聚合在一起。

什么是元素？

宇宙中有118种已知的元素，每种只由一种原子组成。不同元素间的主要区别在于原子核包含的质子数不同。氢是宇宙中最常见的元素，它只拥有一个质子。将一个质子加到氢原子里，你就会得到一种新元素——氦。

　　太阳诞生之初，这团气体云里仍残留着足够多的宇宙原料，它提供的物质足以制造出几颗行星、几十万颗被称为小行星的太空岩石和几十亿颗彗星。甚至到了这一步都还有富余，剩下的垃圾到处晃荡，常常撞上其他天体。

从 700 千米的高度俯瞰地球，你就会明白为什么我们叫它蓝色星球。

这样的撞击能量惊人，足以熔化岩石行星的表面。

太阳系中左冲右撞的碎片越来越少，这样的撞击也逐渐减少，行星表面开始冷却。被我们称为地球的行星形成于太阳周围的"金发姑娘带"[1]。你还记得吧，童话里的金发姑娘不喜欢粥太烫或者太冷，她想要温度刚刚好。同样地，地球和太阳之间的距离也刚刚好。要是地球离太阳更近一点，海洋就会蒸发；而要是再远一些，海洋就会封冻。

无论是前者还是后者，我们所知的生命都不会演化出来，你也不会在这里读这本书。

现在宇宙已经90多亿岁了

组成我们这颗年轻炽热星球的岩石中蕴含的水被释放到空中。随着地球逐渐冷却，这些水以雨的形式坠落下来，渐渐形成海洋。在这些海洋里，简单的分子以我们尚未发现的某种方式组合在一起，形成生命。

1　Goldilocks zone，出自童话《金发姑娘和三只熊》。——编者注

人类是需氧生物。我们需要富含氧的空气。主宰早期海洋的是简单的厌氧菌，这些显微级生命不需要氧气也能存活。多亏了厌氧菌，它们能释放氧气，这些充盈在空气中的氧最终为我们人类提供了繁荣的基础。有了富含氧的新大气，越来越多的复杂生命形式得以兴起。

但生命是脆弱的。偶尔会有大型的彗星和小行星撞击地球，造成巨大的破坏。

6 500万年前，一颗重达10万亿吨的小行星撞击了如今墨西哥的尤卡坦半岛。这块太空岩石在地球表面上撞出了一个180千米宽、20千米深的大坑。这次撞击，以及它扬起的尘埃和碎片，抹去了地球上的绝大部分生命，包括所有著名的大型恐龙。

灭绝——生物或生命形式的绝对终点。

这次大灾难让我们哺乳动物的祖先得以繁荣发展，而不是继续充当霸王龙的零食。这些哺乳动物中有一支脑袋特别大的，我们称之为灵长类，它们演化出了一个聪明得足以发明科学方法和工具甚至追寻宇宙起源和演化的物种——现代智人。

那便是我们。

大爆炸之前发生过什么？

天体物理学家也不知道。或者说，对于这个问题，我们最具创造性的答案几乎得不到实验科学的任何支持。换句话说，我们无法证明它们。面对这个问题，有人坚持认为，一切必然有个开始：某种强于其他所有力的力，某个万物源头。他们脑子里的这个源头当然就是上帝。

但是，也许宇宙早已存在，以某种我们尚未确认的方式——譬如说，有个不断创造出新宇宙的多重宇宙。会不会是这样呢？

或者宇宙是从虚无中突然诞生的？

又或者我们所知、所爱的一切不过是某个外星超级智慧物种创造出来的电脑游戏？

一般而言，这些问题满足不了任何人。但它们却能提醒我们，无知——而不是已知——才是研究型科学家的常态。聪明的年轻人往往不愿意说"我不知道"，但承认自己的无知是科学家必须面对的日常。如果有人相信自己无所不知，那他肯定没有寻找过宇宙中已知和未知之间的边界，更不曾被这边界绊倒过。

而在接下来的章节里，我希望带领你前往这条边界。

我们确切知道的是，宇宙有一个起点。

我们知道宇宙一直在演变。

我们还知道，你身体里的每一个原子都能追溯到大爆炸那一刻，追溯到50多亿年前将自己内部的物质洒遍星系的巨型恒星熔炉之中。

我们是被赋予生命的星尘。

宇宙赋予了我们探查它的力量——我们这才刚刚开始。

2

如何与外星人聊天

通用的物理定律

想象一下，假如我们降落在另一颗拥有发达外星文明的行星上，那些外星人可能跟我们一点儿都不像：它们没准长着三条腿，或者一条腿都没有；它们可能披着一身滑溜溜的紫色皮肤，看起来比裸鼹鼠还丑；又或者它们个个都是"舞"林高手。谁知道呢？我们唯一可以确信的是，它们的世界遵循的自然规律必然和我们的一样。

用科学术语来说，这就是物理定律的普适性。

如果你想跟这些外星人交谈，它们说的肯定不是英语、法语，也不可能是普通话。你也不知道对它们来说，握手到底是一种打招呼的友善举动，还是严重的羞辱。但只要它们的文明足够发达，它们就肯定懂得和我们一样的物理定律。不管这些外星人是高是矮，皮肤是不是滑溜溜，它们总知道引力是什么。所以你最好想办法利用科学的语言和它们交流，这样更容易成功。

定义并塑造了我们这个世界的科学规则适用于宇宙的每一个角落，从你家后院到火星地表，甚至更远。就连《星球大战》（Star Wars）系列电影里的故事也应该遵循这些规则，虽然它们发生在一个非常非常遥远的星系里，但即使是最遥远的星系，也是我们这个宇宙的一部分。

过去的科学家并不明白物理定律的普适性。直到1666年，一位名叫艾萨克·牛顿的先生写下了引力定律，这条定律可以算是某种描述引力作用机制的秘方；在那之前，谁都没有任何理由相信我们这里的科学规则同样适用于宇宙中的其他地方。地面的事归地面，天上——恒星和行星——的事归天上。

在我们的日常生活中，每个地方的规则可能各不相同。你也许可以穿着运动鞋在自家的房子或者公寓里乱跑，但要是你去拜访朋友，他可能要求你进门脱鞋，以免泥巴踩得到处都是。科学家们曾经认为宇宙也是这样。但牛顿发现，宇宙的运作机制并非如此。

同样一套规则适用于任何一个地方。

★

1665年，为了躲避一种名叫黑死病的致命传染病，人们纷纷逃离伦敦。艾萨克·牛顿爵士也加入了逃亡的人群，躲进了自家在林肯郡的乡间庄园。远离城市的牛顿得到了一点儿可供思考的闲暇。望着自家的果园，他开始好奇：是什么力量将熟透的苹果从树上拽了下来？为什么苹果总是径直坠向地面？到了1666年，在这个问题的启发下，他想出了引力定律。

牛顿理论的天才之处在于，他意识到引力不仅能将树上的苹果拽向草地，还能让月亮绕地球旋转。

牛顿引力定律指引着行星、小行星和彗星绕太阳运动。

正因为引力定律的存在，银河系里的数千亿颗恒星才不会四散

艾萨克·牛顿爵士意识到，引力不仅能将苹果从树上拽下来，还能让月亮绕地球旋转。

到宇宙深处。

普适于全宇宙的不只是引力定律。自牛顿的时代以来，科学家们发现了其他许多同样适用于全宇宙的物理定律。物理定律的普适性帮助科学家做出了了不起的发现。我们可以研究遥远的恒星和行星，并假设它们遵循同样的规则。

继牛顿之后，19世纪的天文学家利用这一理念确定了组成太阳的元素就是他们在地球上研究的那些，包括氢、碳、氧、氮、钙和铁。他们甚至在阳光中发现了一种新元素的痕迹，所以这种新物质以希腊语中的"helios"（太阳）为名，它就是氦（Helium）。在元素周期表的大家族里，氦是第一种也是唯一一种在地球以外被发现的元素。多年以后，孩子们发现他们可以从气球里吸一口氦气，让自己的声音变得像卡通片里一样滑稽，从此生日派对和以前再也不一样了。

好吧，就算这些定律普遍适用于太阳系，那它们在银河系其他地方也同样管用吗？

整个宇宙呢？

一百万年甚至几十亿年前呢？

这些定律一步步地经受了考验。

如果引力将两颗强大的恒星拉到足够近的距离，就可能产生爆炸性的后果，正如艺术家在这幅图里表现的一样。

天文学家发现，附近的恒星同样由氢和碳之类常见的基本元素组成。后来在研究双星（像拳击场里的拳手一样相互绕圈的成对恒星）的时候，天文学家再次发现了引力的影响。把牛顿的苹果从树上拽下来、让五年级学生无法灌篮的普适定律将这些成对的恒星束

来自火星的光在到达我们的望远镜之前必须穿过宇宙空间，所以实际上我们看到的是十几分钟前的火星。

缚在一起，让科学家得以预测它们的运动。

所以这些定律不仅适用于我们这里，也同样适用于遥远的地方。可是谁知道它们是不是一直适用呢？100万年前，它们也同样有效吗？

答案是肯定的。我们之所以知道这一点，是因为天体物理学家能看到过去。

当你透过望远镜凝视火星的时候，你看到的并不是此刻的红色星球。地球和火星之间的距离一直在变化，但我们不妨认为，地火距离大致是2.2亿千米。这意味着光必须跑过2.2亿千米才能落到我们眼里，对光线来说，这段旅程大约需要12分钟。既然光需要12分钟才能到达你的望远镜，那么实际上你看到的是12分钟前的火星。

天体物理学家拥有的望远镜比你的大得多，所以我们才能研究比火星远得多的天体。我们朝宇宙中望得越远，看到的就是越久远的过去。

我知道你在想什么：哇哦！

是的，你的反应很对。

当我们谈到遥远恒星和星系与我们的距离时，通常用"光年"这个术语，或用一束光从特定天体到达我们的望远镜所需的时间来衡量。所以如果我们研究的是一个50亿光年外的星系，就意味着光需要50亿年的时间才能到达那里。

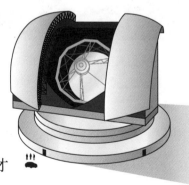

换句话说，我们此刻看到的是那个星系50亿年前的样子。

我们真真正正地回望着过去，而且我们发现，宇宙中最遥远的天体——它们已经有几十亿岁了——遵循的规则和我们今天观察到的完全一样。环顾宇宙，那些普适性的定律从最开始就一直在勤恳运作。

当然，物理定律的普适性并不意味着发生在宇宙中的所有事情也同样会出现在地球上。宇宙中处处遵循同样的规则也不意味着任何事情在任何地方都有可能发生。比如说，我打赌你肯定没在大街上碰见过黑洞。

这些宇宙中的"怪物"是由密度极大的恒星在引力作用下坍缩而成的。引力将恒星内部的所有物质吸到它的最中心，在这颗恒星曾经闪耀的位置留下一个洞。黑洞周围的引力如此强大，就连光都无法逃脱。要是这样的宇宙洞穴真的出现在大街上，你肯定不是唯一的受害者。整颗行星都会被拽进黑洞的旋涡，消失不见。

不过，尽管黑洞如此强大，它们仍遵循同样的自然规则。

宇宙中处处适用的不仅是物理定律。这些定律还依赖于一些名叫"常数"的数字，它们能帮助科学家预测某条定律的影响。被称为"大G"的引力常数能帮助科学家计算特定情况下的引力强度。比如说，我们可以利用大G来估算火星地表的引力。

不过，在所有常数里面，光速是最著名的一个。执行阿波罗任务的宇航员大约需要3天时间才能飞到月球，但如果他们能达到光速，那么这趟40万千米的旅程只需要1秒出头就能完成。那他们为什么没有这样做呢？因为不可能。

截至目前，我们没有在任何实验中观察到任何形式的任何物体达到光速。

无论我们跑多快，也追不上一束光。

人类一直在实现各种不可能。我们常常低估了工程师和发明家的能力。有人断言我们永远无法飞翔，也有人坚称我们不可能抵达月球或者分裂原子。现在这三件事都已实现，但它们都没有违反既定的物理定律。

飞向月亮的确很难，但不是不可能。

"我们永远无法比一束光跑得快"的预言完全不一样。它出自经过时间考验的基本物理规则。宇宙里说不定贴满了光速限速标志，上面写着：

光速：

不仅是一个好主意，

更是一条法律。

无论外星人有多先进、多聪明，它们都没法超越光速，但它们可能更熟悉这些常数。我们对宇宙所有的科学研究、测量和观察表明，无论何时何地，那些主要的常数——从大 G 到光速——和依赖于它们的物理定律，从来就没有变过。

或许我有点儿太自信了。科学家不是无所不知的。还差得远呢。我们也不是对每件事都能达成共识。像兄弟姐妹一样，我们也常常吵架，只不过我们争执的焦点往往是大家不太理解的概念和宇宙事件。

一旦涉及普适的物理定律，争议必然十分简短。

但不是每个人都明白这一点。

几年前，我在加州帕萨迪纳市的甜品店里喝了一杯热可可，点单的时候当然是加了掼奶油的。但可可端上来的时候，我却没看到奶油的踪迹。我告诉服务生，我的可可没加奶油，他却一口咬定我看不见奶油是因为它沉到杯底去了。

但掼奶油的密度很低。它会漂浮在人类喝的任何饮料之上，当然也包括热可可。不管你身在宇宙中的什么地方，密度低的物质都会浮在密度更高的液体上。这是一条普适定律。

所以我为那位服务生提供了两种可能的解释：要么有人忘了给我的热可可加奶油，要么普适物理定律不适用于他家餐馆。他不服气地弄了一团掼奶油来，试图证明自己的说法。那团奶油在杯子里颠簸了一两下以后就浮到了液面上，安安稳稳地待在那里。

要证明物理定律的普适性，还有比这更好的证据吗？

3

帮超人找到母星

来自过去的光

我见过超人。我是在一卷漫画里见到他的，但感觉却十分真实。在这卷名叫《星光灿烂》（*Star Light, Star Bright*）的漫画里，拥有钢铁之躯的超人在假期里忙着在火星上击退一群外星侵略者。他把战场留给了正义联盟的伙伴，独自飞回地球，因为他想看一颗星星。

他正是我心目中的超级英雄。

如果你对超人不熟悉，那么我可以告诉你，他的皮肤能抵挡子弹，眼睛会发射激光，他不仅会飞，还拥有其他一些了不起的能力。不过更重要的是，他是一名外星人。他出生在一颗名叫氪星的行星上，在婴儿时期就乘坐一艘飞船来到了地球。结束了太空之旅的超人降落在堪萨斯的一片田野里，在这里，他遇到了自己的新父母——乔纳森·肯特和玛莎·肯特，从此开始了自己的生活。

不过，就在超人飞向地球的途中，氪星走向了毁灭。关于这段剧情，漫画和电影讲述的版本不尽相同，在《星光灿烂》里，氪星的太阳变成了超新星。这颗恒星的爆炸毁掉了超人的母星。

除了留着胡须、穿着我最爱的天文主题背心亲自出镜以外，我还为这卷漫画做出了另一个贡献：我指出了超人的家乡在现实的星系里可能的方位。漫画作者向我求助，经过一番小小的研究，我在乌鸦座（Corvus）挑了个好地方，离地球大约有27光年。再说一遍，这意味着光需要在宇宙中旅行27年才能到达地球。

这是恒星爆炸后的景象，它将自己内部的物质洒向星系的四面八方。

　　一言以蔽之，远。

　　超人第一次来到地球的时候，他的飞船速度比光还快。是的，这不可能，我们在上一章里说过。不过既然氪星人是高智慧的外星人，也许他们知道怎么制造虫洞，然后穿过它来旅行。这样，你就能抄近路前往宇宙中的任何地方。

　　超人来到了地球，但他母星的太阳爆炸释放的光只能以正常的速度穿过空间。超人在地球上成长，学习务农，背诵各州首府，发现自己的力量，与此同时，来自那颗爆炸恒星的光束仍在宇宙中穿行。

直到他长大成人，来到大都会——这座城市实际上是以我的家乡纽约为原型的——成为著名的钢铁之躯，那束光的旅途仍在继续。

我挑选了乌鸦座作为超人的家庭住址，因为它的光需要旅行 27 年才能让我们看到。这样一来，它在临终前释放的光芒就不会在超人长大成人之前到达地球。

直到他爱上露易丝·莱恩，那些光束还没有抵达地球。

直到他前往火星去击退入侵的外星人，那些光子终于靠近了地球。由于那颗恒星距离地球27光年，而超人母星的太阳在他出生后

虫洞

引力能改变空间的形状，把直线变成曲线，这是阿尔伯特·爱因斯坦的伟大设想之一。不过，要是你把这个想法推向极致，引力就有可能弯曲整片宇宙空间，让两个相距遥远的地点变得触手可及。不妨把我们的宇宙简化成一张纸。如果你在纸的一角画一个地球，然后在对角画一个代表氪星的圆，那么两者之间最短的距离应该是一条直线，对吧？正常来说没错。但要是引力弯曲了这个平面的宇宙，也就是你把这张纸对折，让两颗行星近得几乎要重叠起来，两者之间的最短距离就变了。虫洞——爱因斯坦称之为"桥"——是宇宙中的某种隧道，它能将相距遥远的两个点连在一起。虽然我们不知道虫洞是否真实存在，也不知道你是否能乘坐飞船安全地穿过它，而不是身体里的每个原子都被撕开，但科幻作家就是热爱这个概念。

不久就爆炸了，所以等到那颗超新星迸发的光芒终于落到我们的望远镜里，超人正好27岁。

就在这时候，钢铁之躯冲进了海登天文馆。在故事里，漫画版的我让地球上所有最强大的望远镜指向乌鸦座，尽可能多地捕捉光线——无论是可见的还是不可见的。

对那个大块头来说，这是一个十分悲伤的时刻。他终于亲眼看到自己的母星被超新星蒸发。这个例子完美地展示了天文物理学——甚至整个自然界——最奇怪的现象。这个知识点我们已经介绍过了，但它值得再说一遍。光需要时间才能从发源地传到望远镜里，所以当我们看到某件东西时，当某个天体发出的光落入我们的眼睛时，我们实际上看到的是它过去的样子，也就是光子踏上旅程的那一刻。我们朝太空中望得越远，光行经的距离越长，落入我们眼中的过去就越久远。

对天体物理学家来说，像漫画里的超人和我一样回望27年前的过去是件稀松平常的事情。今天，我们的望远镜和探测器能让我们一窥几十亿年前的景象。我们几乎能看到宇宙最早的模样。关于这一点，我们应该感谢两位科学家，阿诺·彭齐亚斯（Arno Penzias）和罗伯特·威尔逊（Robert Wilson），他们无意间做出了20世纪最伟大的天体物理学发现之一。

★

　　1964年，彭齐亚斯和威尔逊就职于贝尔电话实验室，这是AT&T（美国电话电报公司）的研究部门，就是今天为我们提供无线和智能手机服务的那个公司。天空中充斥着各种各样的光能，有的是可见光，例如你熟悉的彩虹的颜色；有的则不可见。在后面的第九章里

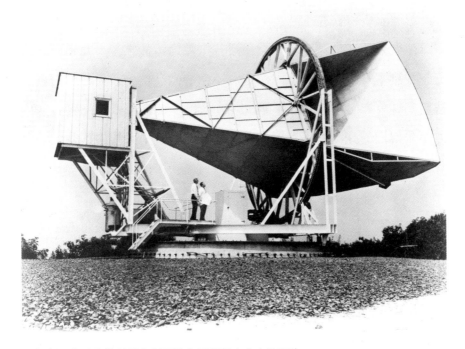

贝尔电话实验室的科学家利用这台天线研究宇宙的诞生。

我们将详细介绍这方面内容。但它们都是波，对这些不同形式的光来说，波长，或者说一个波峰到下一个波峰的距离是它们的主要区别之一。AT&T修建了一个喇叭状的巨型天线来收发无线电波。

彭齐亚斯和威尔逊将这台巨型天线指向天空，但无论他们将设备转到哪个方向，天线总能收到另一种形式的光——微波。今天，大部分美国人的厨房里都有微波炉，它利用这种不可见的低能长波来烹制或者加热食物。可是科学家为什么会在天空中发现这么多微波呢?

彭齐亚斯和威尔逊犯了难。

他们开始在地球上和天空中寻找微波的可能来源。几乎所有的光都找到了来源，只剩下一个来源不明的微波信号。无论他们将天线转到哪个方向，这个信号都如影随形。两位科学家自然开始怀疑，是不是他们的探测器出了问题。于是他们检查了天线内部，结果发现有鸽子在里面筑了巢，天线里还覆盖着一层白色的东西。

鸽粪。

鸽粪几乎覆盖了天线的整个"喇叭"，彭齐亚斯和威尔逊之所以会收到神秘的微波，可能只是因为天线脏了。他们清理了鸽粪，引导鸽子另寻新巢，然后重新测试了设备。

微波信号减弱了一点，但却没有完全消失，所以不能怪到鸽子头上。两位科学家仍无法解释他们收到的神秘光波。

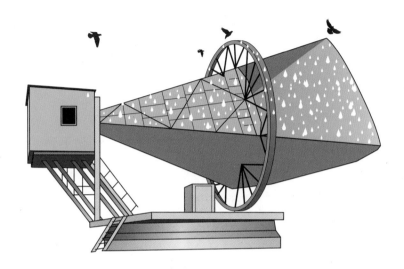

与此同时，普林斯顿大学一个由罗伯特·迪克（Robert Dicke）领导的物理学家团队听说了他们的工作。不同于彭齐亚斯和威尔逊，他们很清楚这些奇怪的光来自哪里。

彭齐亚斯和威尔逊的问题跟鸽粪没关系。

他们发现的光来自早期宇宙。

大爆炸之后，宇宙急速膨胀。

正如我们已经讨论过的，宇宙中有许多神秘的规则，其中一条是：能量既无法被创造，也无法被毁灭。这就是能量守恒定律，你不能打破它。真的。今天我们这个宇宙中的所有能量早在大爆炸那一刻就已存在。随着宇宙的膨胀，所有的能量弥散到越来越大的空间中。每过去一秒，宇宙就会变得更大、更冷、更暗淡一点。

这个过程持续了38万年。

在这个早期阶段，你想看穿整个宇宙，那恐怕做不到。要完成这个任务，你需要看到来自宇宙对面的光子，但在那时候，光子跑不了太远。你是否有过这样的经历：你正想出门，却被爸爸或者妈妈拦在门口，要你去干某件没有完成的家务，或者去做被你忘得一干二净的作业。光子的遭遇跟你差不多。它们甚至还没踏上旅程，就一次次地被电子拦了回来。既然光子哪儿都去不了，那么你自然什么也看不见。宇宙的每个方向都是一团光雾。

不过，随着温度的降低，粒子的运动速度变得越来越慢。电子的速度终于慢得足以被路过的质子捕获。只要电子和质子结合在一起，我们就有了原子。

不过这跟鸽粪又有什么关系呢？

现在，质子开始捕获电子，再也没有什么东西能阻挡光子了。它们可以在宇宙中畅通无阻地穿行。

光在宇宙中穿行时，宇宙继续膨胀冷却。光子变得越来越弱。起初，它们的能量高得足以被看见——你盯着纸质书或者电子书看的时候，眼睛捕捉到的就是这种类型的光子。在宇宙中穿行了亿万年后，这些光子冷却下来。它们被拉长，变成了低能长波——微波。这些长途跋涉的光子共同组成了我们所说的"宇宙微波背景辐射"。

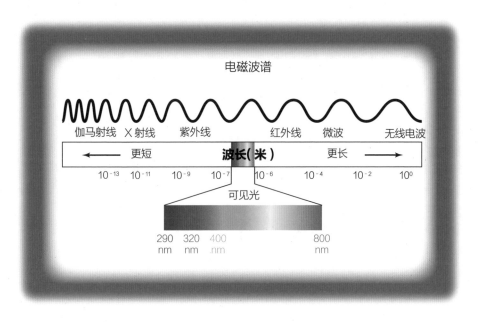

电磁波谱

伽马射线　X射线　紫外线　红外线　微波　无线电波

← 更短　　**波长（米）**　　更长 →

10^{-13}　10^{-11}　10^{-9}　10^{-7}　10^{-6}　10^{-4}　10^{-2}　10^{0}

可见光

290 nm　320 nm　400 nm　800 nm

　　别被这个复杂的科学术语搞晕，也请你尽量不要去想象一台巨大的微波炉飘浮在宇宙中的画面。宇宙微波背景辐射是喧嚣混乱的早期宇宙留下的余光。

　　彭齐亚斯和威尔逊的大喇叭捕捉到的正是这些光。

　　两位科学家看到的是近140亿年前的宇宙。

乔治·伽莫夫

乔治·伽莫夫不仅是一位颇有影响力的宇宙学家，还是一名成功的老师。他的学生薇拉·鲁宾（Vera Rubin）后来对暗物质有了重要发现，这种神秘的物质将遥远的星系凝聚在一起。伽莫夫甚至为孩子们写书，他在一系列书籍中创造了一个名叫汤普金斯先生的角色，这位先生在科学世界里经历了各种各样的奇遇。有一次，汤普金斯先生变成了一个电子，而且和早期宇宙里的那些粒子一样，他也遇到了自己的反物质双胞胎兄弟——正电子——然后和对方一起湮灭了。真是个残酷的结局。

早在几十年前，生于俄罗斯的美国物理学家乔治·伽莫夫就预言过宇宙微波背景辐射的存在。一听说彭齐亚斯和威尔逊发现了奇怪的信号，迪克和他普林斯顿的同事们就意识到了它的真正意义，他们一直在寻找宇宙微波背景辐射存在的证据。所有东西都能对上号，包括信号来自天空中所有方向这一特性。

十多年后的1978年，宇宙微波背景辐射的发现为彭齐亚斯和威尔逊赢得了科学界的最高荣誉——诺贝尔奖。

这公平吗?

虽然罗伯特·迪克帮助彭齐亚斯和威尔逊解释了他们的望远镜收到的信号,但他却没有得奖,这看起来可能有点不公平,但诺贝尔奖通常颁给有重大发现的人。如果理论家——也就是解释观察结果的人——参与了发现的过程,或者告诉了别人应该去寻找什么,那他或者她也可能共同获奖。但在这个例子里,彭齐亚斯和威尔逊先发现了宇宙微波背景辐射,所以得奖的是他们。

★

我们怎么知道那真的是宇宙微波背景辐射呢?

我们不妨以外星人的视角去看。记住,光需要时间才能从宇宙中遥远的地方传到我们这里。望向深空的时候,我们看到的实际上是遥远的过去。所以,如果某个遥远星系里的智慧居民在那些光子奔向我们的望远镜之前测量宇宙微波背景辐射的温度,他们得到的结果应该比我们测出的温度略高一点,因为当时的他们生活在一个更年轻、更小、更热的宇宙里。

你完全可以验证这个设想。

暴露在微波中的氰分子会被激发。"激发"的意思是，氰分子的电子会跳到另一条绕原子核旋转的轨道上，不过要是你更愿意想象它们是在跳舞，那也没问题。微波越暖和，氰分子被激发的程度就越高。天体物理学家比较了我们在银河系里观察到的氰和远方年轻星系里的氰。既然那些星系更年轻，那么那里的氰也就沐浴在更温暖的微波中，所以它们被激发的程度应该更高。这正是我们观察到的现象。

这样的事谁也编不出来。

我说的这些为什么很有趣呢？因为它们描绘了一幅关于宇宙如何形成的丰富图景。自彭齐亚斯和威尔逊之后，天体物理学家利用越来越灵敏的工具绘制了一幅详细的宇宙微波背景辐射地图。这张地图不太平滑，有的地方比平均水平热一点，有的地方则更冷一点。我们可以研究温差和地图中的起伏，借此描摹早期宇宙的模样，找到物质开始成团聚集的地方。我们能看到最早的星系是在什么时候、从哪里开始形成的。

宇宙微波背景辐射告诉我们，我们能理解宇宙运行、膨胀的机制；但与此同时，它也让我们明白，大部分的宇宙由我们尚不了解的东西组成。我们将在第五章和第六章中讨论这些谜团。

小心了，读者朋友们，我们的故事很快会变得黑暗起来。

4

不要随便去旅行

危险的星系际空间

九年级结束之后的那个暑假，我和一群孩子爬上一辆小货车，离开了纽约城。我们一口气坐了53个小时的车，来到南加州的莫哈韦沙漠（Mojave Desert），参加位于乌拉尼伯（Uraniborg）营地的夏令营。这个以丹麦天文学家第谷·布拉赫（Tycho Brahe，我们后面还会提到这位镶着铜鼻梁的了不起的观星者）的天文台命名的夏令营为期一个月，它为热爱科学的年轻人提供了远离城市的美妙机会。

我以前也观察过天空。正如我之前提过的，晴朗的夜晚，我会爬到布朗克斯区（Bronx）自家公寓的天台上，眺望恒星和行星。这件事并不简单。我常常只能求妹妹帮我把望远镜的零件搬到楼顶，有几回还惹得邻居报了警，他们以为天台进了贼。

我们能在城市的天空中看见恒星，一般有十几颗，甚至可能上百颗。

莫哈韦沙漠让我看到了一个比城市里拥挤得多的宇宙。整个天空满是星星，感觉就像我看到的第一次星空秀，但这是真的。接下来的一个月里，我拍下了许多卫星、行星、恒星系统和星系的照片，但我看到的仍不是宇宙的全貌。可观测的宇宙，或者说宇宙中我们能看到的部分，可能包含了一千亿个星系。恒星组成的明亮璀璨的星系点缀着夜空，它们就在你面前，所以你很容易相信除了星系以外其他东西都不重要。但宇宙中仍有一些难以探测的东西存在于星

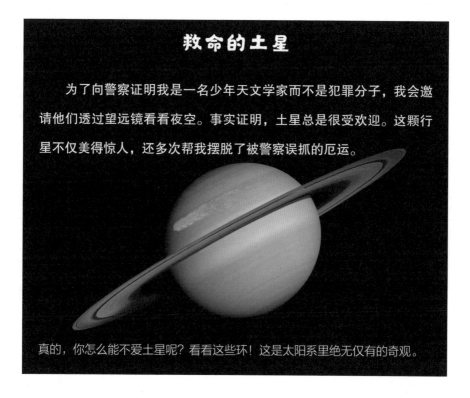

救命的土星

为了向警察证明我是一名少年天文学家而不是犯罪分子，我会邀请他们透过望远镜看看夜空。事实证明，土星总是很受欢迎。这颗行星不仅美得惊人，还多次帮我摆脱了被警察误抓的厄运。

真的，你怎么能不爱土星呢？看看这些环！这是太阳系里绝无仅有的奇观。

系之间，这些东西可能比星系本身更有趣。

　　星系之间的黑暗区域组成了我们所说的"星系际空间"（intergalactic space）。假设你突然被传送到那里，你会慢慢被冻死，或者窒息，你全身的血细胞也会爆开；你会昏迷，然后开始浑身肿胀，就像严重过敏的孩子一样——不过先别管这些。

　　这些危险都太普通了。

　　你还可能被名为"宇宙射线"的携带极高能量、飞速运动的带电亚原子粒子击中。我们既不知道它们来自哪里，也不知道是什么力量驱动了它们；但我们知道，这些粒子主要是质子，它们跑得几乎和光一样快。宇宙射线中的单个粒子携带的能量足以将放在果岭[1]任意位置的高尔夫球送进球洞。美国国家航空航天局（NASA）非常担心宇宙射线伤害宇航员，为了隔绝宇宙射线，他们为飞船设计了专门的屏障。

1　果岭（putting green），高尔夫球运动术语，指球洞所在的草坪。——编者注

要是有一台合适的望远镜，你会看到天空中的银河就像一片厚厚的污渍，虽然不完全是牛奶的样子，但的确很像。

是的，无论现在或未来，星系际空间才是真正的舞台。

　　要是科学家没有先进的望远镜，我们可能一直以为星系间的区域十分空旷。明亮的恒星和奶渍般的星系主宰着夜空，也蕴藏着足够让天体物理学家忙碌几个世纪的秘密。

　　不过正如我们之前讨论过的，光的形式有很多种。我们都很熟悉可见光，但有的光是看不见的。医院里的医生利用X射线穿透你的皮肤，检查遭遇了意外的你有没有折断骨头，X射线就是一种光。来自遥远宇宙的微波也是一种光，它为我们提供了宇宙诞生的线索。就连无线网络所依赖的无线电波也是一种光，它是充斥世界的缤纷可见光的低能量远亲。

现代的检测和探测设备可以研究这些看不见的光。它们能告诉我们那些单凭肉眼无法看见的宇宙事件。利用这些探测器，我们探测了宇宙的乡野，发现了许多不可思议的怪事。

请允许我为你们介绍我最爱的几种。

矮星系

无论在太空中的哪个区域，每个大型星系都伴随着十几个小星系，我们把后者称为"矮星系"。我们的银河系附近就有几十个矮星系。正常的大型星系可能拥有几千亿颗恒星，但矮星系拥有的恒星说不定只有一百万颗。这个数字看起来可能很惊人，但由于矮星系包含的恒星更少，所以它们在天空中看起来要暗淡得多，你很难找到它们。

我们始终在发现新的矮星系。

你会发现，大部分（已知的）矮星系存在于较大的星系附近，

在这张照片中央的矮星系里，恒星依然组成了明亮的白斑。

像飞船一样绕后者旋转，最终被主星系撕裂吞噬。

　　过去十亿年里，银河系至少吞噬过一个矮星系。直到今天，我们仍能看见被吞噬的星系留下的残片绕着银河系中心旋转，这条恒星组成的"溪流"被称为"人马座矮星系"（Sagittarius Dwarf system）。考虑到它被如此野蛮地吞噬了，或许我们应该叫它"午餐"。

流浪恒星

星系会聚集形成星系团，就像邻近的城镇聚集组成城市群。不过我们的城镇一般会停留在原地，纽约不会沿着海岸旋转而上，撞向波士顿。然而，大型星系常常发生碰撞，然后留下一大片烂摊子。星系碰撞后，原本被引力束缚固定的上亿颗恒星会挣脱出来，在天空中四散逃逸。有的恒星会再次聚集成团，我们可以称之为矮星系。

这颗巨型流浪恒星运动速度极快，甚至在自己的前方形成了一道激波——也就是图中的弧形红色条带。

另一些恒星漫无目的地漂流。我们的观察表明，天空中无家可归的恒星数量可能不少于栖息在星系内部的同类。

爆炸的流浪恒星

超新星爆发是某些天体物理学家最爱的宇宙事件。恒星将自己炸成碎片，在这个过程中，它的亮度会骤然增加到原来的十亿倍，

还有什么比流浪恒星更棒呢？那就是爆炸的流浪恒星！图中这颗爆炸的恒星正在向外喷发气体和尘埃。

这种状态会持续几周。我们可以利用先进的望远镜观察宇宙彼端的超新星，它们通常出现在星系内部，但科学家已经在远离任何星系的区域发现了十几颗超新星。一般而言，每颗爆发的超新星附近都有几十万到上百万颗普通恒星，所以这些孤立的超新星可能暗示着宇宙中有很多我们看不见的恒星。

那些没有爆炸也没有被发现的恒星可能有一些和我们的太阳差不多。

可能有行星围绕那些恒星旋转，行星上甚至可能有智慧生命。

上千万开氏度的气体

宇宙万物都由物质组成，一般而言，物质有三种形态：固态、液态和气态。水是最简单的例子：冰是固态的水；液态水清澈透明，可以饮用；当液态水转化为气态，水就会变成水蒸气。

有的望远镜让我们看到了星系间绵延的气体，温度高达几千万开氏度。虽然这些气体没有聚集成团，但它们依然是物质，而且很烫很烫。

星系从这些高温气体中穿过的时候，多余的物质会被剥落，就像学校餐厅里的恶霸抢走路人托盘里的巧克力饼干一样。高温气体的"恶行"不仅会毁了星系一天的好心情，还会让星系因失去了多余的物质而无法制造新的恒星。

暗蓝星系

除了主星系团以外，宇宙中还存在大量古老的星系。正如我们已经讨论过的，眺望宇宙约等于回溯时间。来自遥远星系的光可能需要几百万甚至几十亿年才能抵达我们这里。

在宇宙的年纪只有现在一半的时候，占据主宰地位的是那些中等大小的、特别暗淡的蓝色星系。暗蓝星系之所以难以探测，不仅因为它们距离遥远，还因为它们包含的亮星太少。这些暗蓝星系如今已不复存在。它们遭遇了什么？这是宇宙的未解之谜。难道它们包含的恒星全都燃烧尽了吗？它们是不是变成了无形的"尸体"，横亘在宇宙中？又或者，它们变成了我们今天看到的矮星系？还是它们全都被更大的星系吞噬了？

难道所有的暗蓝星系都变成了"午餐"？

我们不知道。

真空能量

真空不空。我们现在所说的真空跟你家的真空吸尘器没关系，而是指宇宙中不包含任何物质或能量的区域。但在这些本应空旷的空间中，海量的虚粒子仍时隐时现。虚粒子一旦相遇往往会互相摧毁，释放能量。这些微观的碰撞创造出了科学家所说的"真空能量"，这种向外的压力与引力抗衡，宇宙的膨胀可能正是由它驱动的。

★

大型星系之间有这么多东西，其中一部分可能遮挡我们的视线，

我们为什么讨厌真空

有一句老话说，自然界厌恶真空。众所周知，孩子们讨厌真空，狗也是。但他们讨厌的是家里的真空吸尘器。你对星系际空间的真空感觉如何？我估计你也不会太喜欢它。正如我们在本章之前的内容里详细介绍过的，真空可不是什么好地方。但我们并不知道自然界为什么讨厌真空，为什么孜孜不倦地坚持要填满真空，甚至为此做出很多奇怪的举动。自然界就是这样。

让我们看不到后面的东西。对宇宙中那些最遥远的天体——例如类星体——来说，这可真是个麻烦。类星体是非常明亮的星系中心，用科学术语来说，它们是超高光度星系核。这些天体发出的光通常需要旅行几十亿年才能传到我们的望远镜里。

这幅艺术概念图中的类星体射出了一束穿越宇宙的能量。

　　类星体发出的光在穿过气体云和其他太空垃圾的时候会发生一点变化，天体物理学家可以研究这些光，弄清它们在几十亿年的旅途中遭遇了什么。比如说，我们可以判断类星体的光是否穿过了不止一团气体云。每个已知的类星体——无论它处于天空中的哪个位置——都能告诉我们几十个散落在时空中的气体云的特征。

所以，就算看不见这些气体云，我们也知道它们在那里。

饥饿的星系、流浪恒星和超热气体的组合无疑让星系际空间显得十分有趣，再加上携带超高能量的带电粒子和神秘的真空能量，你甚至可以说，宇宙中的趣事都发生在星系之间，而不是星系内部。

但我不会建议你去星系际空间度假。你的旅途一开始可能会很有趣，但结局可能非常非常糟糕。

5

看不见的奇怪朋友

神秘的暗物质

几年前，我尚在学步的女儿在餐桌旁的儿童增高椅里做了个精彩的实验。在我的注视下，她小心翼翼地把自己盘子里二十来颗烧焦的豌豆扔到了地上。她每次只扔一颗，没有哪颗豌豆违反了普适的引力定律——它们都直接掉到了地上。

引力是一种了不起的力，但它也会带来麻烦。

牛顿和爱因斯坦解释了引力如何影响宇宙中的物质。无论是烧焦的豌豆、离开树枝的苹果、人、行星还是巨大的恒星——他们的理论适用于我们能看见、触摸、感觉、嗅探并偶尔品尝的一切物质。根据牛顿和爱因斯坦的理论，宇宙中的大部分物质不见了。但我说的"不见了"和你的袜子不见了完全不一样。

天体物理学家可以通过观察特定的恒星和星系测量宇宙中遥远区域的引力。通常来说，强引力附近肯定有一个或多个大型天体。比如说，巨型恒星或者黑洞周围的引力肯定很强。那要是一小块飘浮在宇宙中的太空岩石呢？它的引力就弱得多了。

有的引力场非常强，而周围可见物质的质量根本不可能产生这么强的引力，多年来，天体物理学家一直在追踪这些奇怪的强引力场。这么强的引力肯定有个源头，但我们却看不见它。不管它是什么，至少它不会和"我们的"物质或能量产生任何互动。近一个世纪来，我们一直在等待某个人来告诉我们，为什么我们在宇宙中测量到的大部分引力——大约85%的引力——来自某种探测不到的东西。

我们对此毫无头绪。

★

这是科学界的一大谜团，对于这个"消失的质量"问题，今天的我们仍像1937年第一次发现它时那样毫无头绪。当时，一位长期在美国工作的瑞士天体物理学家弗里茨·兹威基（Fritz Zwicky）正在研究后发座星系团（Coma cluster）那一大片区域内的星系运动。宇宙中的这片区域距离地球十分遥远。从后发座星系团出发的一束光必须在宇宙中全速前进3亿年才能抵达我们的望远镜。

从远处看去，后发座星系团拥挤而明亮。一千多个星系乱哄哄地绕着星系团中心旋转，就像蜂巢里嗡嗡飞舞的蜂群。引力将星系团凝聚在一起，所以星系团内部的天体不会自己飘走。兹威基观察了这个系统内的几十个星系，利用它们来测量引力场的强度。

但事情有点不对劲。

这个引力场太强了，于是他把星系团内所有星系的质量全都加了起来。虽然后发座是宇宙中最大的星系团之一，但它的质量依然不足以产生这么强的引力，将其内部的所有星系凝聚在一起。

那里还有别的东西。

天体物理学家弗里茨·兹威基首次发现了后发座星系团中神秘的暗物质存在的证据。

　　某些他看不见的东西。

　　继兹威基之后，天体物理学家发现其他星系团也有同样的问题。这些"消失的质量"是天体物理学界最古老的未解之谜。

　　今天，我们为这些东西起了个名字——暗物质。

　　小时候，我住的公寓楼与另一栋公寓紧紧相邻，我的一位小学同学兼密友就住在那栋楼里。多亏了他，我才学会了下象棋、打扑克，还玩上了《战国风云》（*Risk*）和《大富翁》（*Monopoly*）桌游。更重要的是，他教会了我如何正确使用双筒望远镜，利用它来观察月球和星星。后来我的双筒望远镜换成了天文望远镜，观星的地点也从公寓天台换成了视野开阔的沙漠和海面，我爱上了那些散布在夜空中的奇观。

但天体物理学不仅关乎我们看到的东西，还关乎我们看不到的东西。

弗里茨·兹威基发现了星系团内部那些看不见的物质存在的证据。几十年后的1976年，华盛顿卡内基科学研究所的天体物理学家薇拉·鲁宾发现，那些消失的质量其实就藏在星系里面。当时她研究的是旋涡星系，这些扁平碟状的恒星群中央有个膨胀的明亮核心，外面则是几条恒星组成的向外伸展的旋臂。鲁宾跟踪记录了绕旋涡星系中心旋转的恒星的速度。刚开始的时候，她的观测结果完全符合预期。在引力的作用下，离星系中心越远的恒星运动速度越快。

但鲁宾还观察了碟状结构以外的区域，那里有一些亮星和孤零零的气体云。由于这些天体与碟状结构边缘之间几乎没有可见的物质，它们和整个旋转星系之间的联系很弱，所以它们的速度应该随着距离的增加而衰减。可是不知道为什么，这些天体的运动速度实

现在你理解我们为什么叫它旋涡星系了，对吧？这个旋涡星系可能拥有一万亿颗恒星。

际上依然很快。

　　鲁宾做出了正确的推理：这些遥远的区域里必然存在某种形式的暗物质，它们很好地隐藏在每个旋涡星系可见的边缘，紧紧束缚着遥远的天体。多亏了鲁宾的研究，现在我们将这些神秘区域命名为"暗物质晕"。

暗物质晕就存在于我们眼前，就在银河系这里。无论你观察的是哪个星系或星系团，可见物质的总质量和根据引力推算出的质量之间总是差别巨大。宇宙中的暗物质产生的引力大约是可见物质的6倍，换句话说，暗物质的质量是正常物质的6倍之多。

对暗物质晕（例如下图中这个）的研究让天体物理学家薇拉·鲁宾发现了"消失的质量"存在的更多证据。

暗物质侦探

　　孩提时的薇拉·鲁宾透过卧室的窗户看星星，后来她用硬纸筒做了自己的第一台望远镜。她很早就迷上了星空。大学毕业后，她申请去普林斯顿大学攻读天体物理学高级学位，校方却告诉她，这个专业不接收女生。但这没有阻挡薇拉·鲁宾的脚步。她去另一所大学拿到了学位，并通过对旋涡星系的研究证明了暗物质的确存在。很多人相信，鲁宾的研究应该获得诺贝尔奖。归根结底，科学界的这一最高荣誉是要颁给"发现"的，还有比暗物质更重大的发现吗？要知道，是这种神秘的物质将星系凝聚在了一起！

暗物质到底是什么？

　　我们知道它的成分肯定不是质子、中子之类的普通物质，还排除了黑洞和宇宙中的其他"怪胎"。也许暗物质只是小行星或者彗星？或者是不属于任何恒星系的自由行星？这些天体都拥有质量，但自身不发光，所以无法被我们的探测器发现。从这个角度来说，它们的确符合条件。但这类天体不可能有那么多，所以我们只能把自由行星也排除掉。

我们还知道，组成暗物质的不可能是组成行星、人类或汉堡包的那些粒子，因为它们遵循的规则似乎不太一样。在我们的世界里，将粒子束缚在一起的力对暗物质不起作用，它们遵循的规则似乎只有一条，那就是引力。

也许暗物质根本就不是物质，而是一种我们尚未理解的引力。也许牛顿错了，爱因斯坦也错了。也许你，我的读者朋友，某天会在一辆路过苹果园的自动驾驶汽车里灵光一闪，领悟引力机制的真谛。可是现在，我们只能仰仗已有的知识进行推测。据我们所知，暗物质绝不是看不见的普通物质。

恰恰相反，它完全是另一种东西。

别担心。夜里蹑手蹑脚上厕所的时候，你绝不会一头撞上一团暗物质；穿过学校拥挤的大厅去上课的时候，你也不会被一堆暗物质绊倒。不过要是不小心摔了一跤，你大可以用这个借口来糊弄那些不懂科学的同学。暗物质存在于星系和星系团里。至于卫星和行星之类的小家伙儿，我们还没有观察到暗物质对它们有何影响。我们脚下的东西完全可以解释地球的引力。至少在地面上，牛顿是对的。

那么暗物质到底由什么组成？我们对它有什么了解？普通的物质组成了分子和大大小小的物体，从小小的沙粒到庞大的太空岩石。但暗物质却不是这样，不然的话，我们应该在宇宙中发现四处散落的暗物质团。

我们会发现暗物质彗星。

暗物质行星。

暗物质星系。

据我们所知，事实并非如此。可以确认的是，我们热爱的物质——恒星、行星和生命——只不过是庞大而黑暗的宇宙蛋糕表面那层薄薄的糖霜。

我们不知道暗物质是什么，但我们知道自己需要它。无论过去还是现在。

大爆炸之后的第一个50万年里（对140亿岁的宇宙来说，这不过是一眨眼的时间），宇宙中的物质已经开始聚集成松散的团块。这些物质团是星系团和超星系团的雏形。接下来的50万年里，宇宙的体积将膨胀一倍，此后还将继续膨胀。在这个膨胀过程中，有两种效应互相对抗。

引力努力将所有东西凝聚在一起。

而膨胀的宇宙努力将万物抛洒出去。

单靠普通物质产生的引力不可能赢得这场战斗，我们需要暗物质带来的额外引力。如果没有它，我们将生活在一个弥散的宇宙里，任何结构都不可能存在。

没有星系团。

没有星系。

没有恒星。

没有行星。

没有人。

如果没有暗物质，我们根本不会存在。

所以暗物质和我们亦敌亦友。我们完全不知道它到底是什么，这实在令人苦恼。但我们真的很需要它。科学家们从来就不会心甘情愿地仰仗我们不理解的概念，但在迫不得已的时候，我们也只能接受。科学有时候需要借助一些神秘的概念，暗物质并不是第一个。

比如说，19世纪的科学家测量了太阳输出的能量，也明白它对季节和气候的影响。他们知道，太阳为我们送来了温暖，也提供了生命所需的部分能量。但他们不知道太阳具体的运作机制，直到一位名叫玛格丽特·伯比奇（Margaret Burbidge）的女性和她的同事解开了这个谜题。在此之前，对科学家来说，太阳和暗物质一样神秘。有的科学家甚至提出，太阳实际上是一个燃烧的大煤球。

太阳为什么会发光

　　恒星（例如我们的太阳）的雏形是一大团气体云。在引力的作用下，气体云发生坍缩，它被压得越来越小，变得越来越烫。最后，有的气体云会停止坍缩，成为一大团发光的物质；但另一些气体云（例如太阳的雏形）太过巨大，足以触发热核聚变过程。气体云核心内的氢分子互相挤压，结合——或者说聚合——然后释放出能量。所有这些小小的碰撞产生的能量向外与引力抗衡，避免了气体云进一步坍缩，也为太阳提供了发光所需的能量。

暗物质的概念十分奇怪，但它扎根于事实。我们假设它存在，是基于薇拉·鲁宾和弗里茨·兹威基的研究，以及今天我们仍能观察到的现象。暗物质和近年来天文学家发现的遥远行星一样真实。科学家不曾亲眼见过那些存在于太阳系以外的行星，也不曾触摸或者感受过它们，但"眼见为实"并不是科学的全部。科学也需要测量看不见的效应，最好是利用比我们的眼睛更强大、更灵敏的设备。我们知道系外行星真实存在，因为我们利用先进的设备研究了它们所环绕的恒星。通过观察这些恒星，我们找到了系外行星存在的坚实证据。

最糟糕的是，也许我们会发现暗物质根本就不是物质，而是某种别的东西。也许我们看到的是来自另一个维度的力产生的效应？[1]没准我们感受到的是与我们的宇宙相邻的另一个幽灵宇宙里的普通物质产生的普通引力？如果真是这样，那个幽灵宇宙可能是更大的多重宇宙所包含的无数个宇宙中的一个。可能存在无数个版本的地球和无数个版本的你。

这听起来不可思议。但这难道还能比地球绕太阳旋转更疯狂？这个概念第一次被提出的时候，人人都以为地球是宇宙中心，他们觉得天空实际上是个巨大的穹顶。现在我们知道的更多了。我们知

1　莫非我们丢失的所有袜子也去了另一个维度？

道，太阳是银河系的千亿恒星之一；我们知道，银河系是宇宙中的千亿星系之一。我们的母星并不像我们曾经以为的那样特别。地球的事我们搞错过一次，所以我们也可能把暗物质搞错了。

有的科学家怀疑，暗物质由我们尚未发现的神秘粒子组成。他们试图利用一种名叫"粒子加速器"的巨型机器在地球上制造暗物

科学家正利用图中这样的巨型地下探测器（它是全球最大的强子对撞机的一部分）研究暗物质之谜。

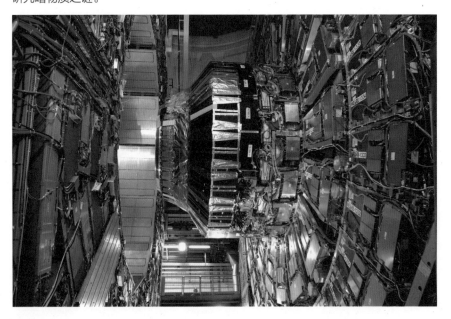

质。另一些团队设计了深埋在地底的实验室。如果有一些暗物质粒子正好在宇宙中游荡，其中一部分又正好经过地球，这些地下实验室应该能探测到它们。再说一遍，这听起来可能有些不可思议，但科学家曾利用类似的办法找到过另一种名叫中微子的神秘微粒。

20世纪30年代，科学家正在努力认识原子，几位走在最前沿的思考者提出，可能存在一种几乎没有质量的粒子。刚开始的时候，他们并没有找到这种粒子存在的直接证据。但的确有一些原子会以某种未知的方式释放能量，有的科学家提出，"罪魁祸首"正是这种神秘粒子，它携带着能量离开了原子。尽管科学家没有直接的证据，但他们仍提出了中微子的概念，这种粒子几乎不与物质互动。几十年后，另一群科学家找到了这些粒子真实存在的证据。从此以后，人们一直在通过其他实验追踪、计量中微子。每秒都有千亿个来自太阳的中微子在你每一片指甲盖大小的身体上穿过，但它们什么也不会做。

中微子曾经只是一个出于直觉的科学概念，人们利用它来解释一些不合理的事情，结果发现它真的存在。或许我们也能找到某种办法来探测暗物质，就像探测中微子一样。或者更棒的是，我们会发现，暗物质粒子是另一种完全不同的东西，它能利用另外某种——或几种——尚未被人类发现的力。

不过现在，我们只能暂且接受暗物质这位看不见的奇怪朋友，借助它来解释宇宙的奇怪现象。光是这一个概念就够好奇的天体物理学家忙活很久了，但暗物质并不是宇宙中唯一一个未解的大谜团。还有另一个有趣的谜题等待我们去解决。

6

是爱因斯坦错了吗？

宇宙常数与暗能量

我小时候喜欢一个名叫"太空飞鼠"（Mighty Mouse）的卡通角色。当然，他是一只啮齿动物，但他总能力挽狂澜，而且他的歌剧腔调十分迷人——这个小家伙儿会唱歌。另外，他胸膛宽阔，体格强壮，而且会飞。

作为一名"好奇宝宝"，我不由自主地想弄清太空飞鼠为什么会飞。他没有翅膀，腰带上也没藏着推进器或者喷气发动机，但他披着一件斗篷。同时代另一位会飞的英雄超人也披着斗篷。莫非这就是他们的秘密？难道飞行的能力来自你选择的行头？

我很快提出了一套理论：斗篷赋予了人类和老鼠飞翔的能力。

尽管那时候的我还不是科学家，但我思考的方式已经很像他们了。但科学的繁荣需要的不仅仅是理论，你还得验证这些理论。所以我需要设计一个实验来验证自己的想法。我找来了一件斗篷，把它系在自己的脖子上，然后奋力向前跳去。

我测量了穿着斗篷的自己跳出的距离。

然后我脱下斗篷，又跳了一次，也测量了这次跳出的距离。

两个数字没什么区别。

穿着斗篷的我并没有跳得更远。我显然没有飞起来。但这给我上了宝贵的一课：在科学的领域里，理论应该符合实验证据。否则的话，它要么需要调整，要么只能被扔进思想的垃圾桶。我猜测斗篷能让老鼠和人飞起来，但这套理论不符合跳跃实验的结果，所以我不得不抛弃它，继续向前走，学习其他人类飞行的方式——乘坐一种名为飞机的大机器。

但有时候，某些看似不可思议的理论却能通过现实的考验。阿尔伯特·爱因斯坦几乎一辈子都未踏足实验室。他是一位纯粹的理论家——这群科学家负责提出关于自然运作机制的理论。爱因斯坦更喜欢所谓的"思想实验"，也就是利用自己的想象力去解决问题。

比如说，16岁的时候，爱因斯坦开始思考：如果他有机会和一束光并肩奔跑，那会发生什么？这当然是不可能的，我们之前已经讨论过宇宙的速度上限。但对这个奇怪想法的思考让爱因斯坦忙活了好几年，最终引领他取得了自己最重大的突破。

爱因斯坦这样的理论家会提出宇宙运作机制的模型。利用这些模型，他们可以做出预测。如果模型有缺陷，观察者们——利用先进设备研究自然的科学家——就会发现预测和现实证据之间的冲突。儿时的我提出了一套飞行"模型"：斗篷能让人和老鼠飘在空中。然后我验证了这个模型——不需要任何先进设备——结果发现这套理论与现实不相符。我很失望，但要是科学家在其他研究者的模型里挑出了错，他们往往十分激动。我们都爱给别人的作业找碴儿。

爱因斯坦提出的是有史以来最强大、最具远见的理论模型之一：

广义相对论。[1]这套模型详细描述了宇宙中的万物如何在引力的影响下运动，以及引力如何塑造空间本身。直到今天，科学家们仍在验证广义相对论做出的预测。

根据爱因斯坦的模型，黑洞在碰撞时会以引力波的形式向宇宙释放能量。与冲向沙滩的海浪在水面上的移动不同，这些引力波使空间本身荡起涟漪。可以肯定的是，当遥远的古老黑洞碰撞时产生的引力波掠过地球，科学家已经捕捉到了它们，这说明爱因斯坦是对的。

每过几年，实验科学家就会用更好的设备来验证爱因斯坦的理论。每次他们都会发现，爱因斯坦是对的。他不仅是班上最聪明的孩子，还是有史以来最聪明的人之一。

但即使是他也可能犯错。

★

和爱因斯坦同时代的人千方百计想证明他是错的。爱因斯坦的研究挑战了牛顿的理论，科学界有一部分人对此深感不悦。1931年，一群这样的人出版了一本名为《百位作者反对爱因斯坦》（ *One Hundred Authors against Einstein* ）的书。听说了这件事以后，爱因斯坦回应说："如果我是错的，那只要一个人站出来反对我就够了。"

1　你可以将它缩写为 GR，然后你就算是入圈了。

广义相对论完全不同于之前的任何引力理论。根据广义相对论，大质量物体实际上会扭曲周围的空间，造成空间变形，或者说，让时空的结构产生凹陷。

苹果这样的小质量物体产生的引力效应很小，但行星或恒星等大型天体会让空间产生严重的扭曲，甚至足以弯曲直线。20世纪的美国理论物理学家约翰·阿奇博尔德·惠勒（John Archibald Wheeler）是我的老师，他曾说过："物质告诉空间如何弯曲，空间告诉物质如何运动。"

爱因斯坦定义的全新版本引力不仅会影响物质。引力弯曲了空间本身，所以就连光都只能屈服，在大质量天体附近沿曲线传播，而不是沿直线。爱因斯坦的模型描述了两种引力。其中一种我们十分熟悉：地球与掷到空中的球之间的引力，或者太阳与行星之间的引力。但广义相对论还预测了另一种效应：一种神秘的反引力压力。

今天我们知道，宇宙正在膨胀，宇宙中的星系正在彼此远离。但在当时，没有人认为宇宙除了存在以外还会干别的事情，这超乎任何人的想象。就连爱因斯坦也认为，宇宙只能是静态的，它既不会膨胀，也不会收缩。但他建立的模型却暗示了宇宙要么正在膨胀，要么正在收缩。爱因斯坦觉得这肯定不对，于是他提出了"宇宙常数"这个概念。

宇宙常数唯一的作用是抵抗爱因斯坦模型里的引力。如果说引力努力想把整个宇宙压成一大团，宇宙常数的任务就是把所有东西分开。

问题只有一个。

谁也没在自然界里发现过这种力。

从某种意义上说，爱因斯坦作弊了。

爱因斯坦提出广义相对论的13年后，美国天体物理学家埃德温·P.哈勃（Edwin P. Hubble）发现，宇宙并不稳定。哈勃研究的是遥远的星系。他发现，这些星系在空间中不是静止不动的，它们正在远离我们！还有，哈勃搜集的证据有力地证明，越遥远的星系远离银河系的速度越快。

换句话说，宇宙正在膨胀。

听说了哈勃的发现以后，爱因斯坦十分惭愧，他自己本该预见到这件事。爱因斯坦彻底抛弃了宇宙常数，并说那是自己平生"最大的污点"。但故事并没有到此结束。接下来的几十年里，理论家时不时就会重拾宇宙常数。他们喜欢把自己的理论放到一个真正拥有这种神秘反引力的宇宙中去思考。

1998年，科学最后一次把爱因斯坦的"最大污点"从坟墓中挖出来。

那年早些时候，两组相互竞争的天体物理学家宣布了他们的重大发现。这两个团队观测的都是一种名叫超新星的爆炸恒星。天文学家能预测超新星的运行、亮度和距离。

但这组超新星却不太一样。

在天体物理学的圈子里，这颗爆炸的恒星（超新星1987A）算得上一位名流。这类恒星帮助我们认识到，宇宙正在膨胀。

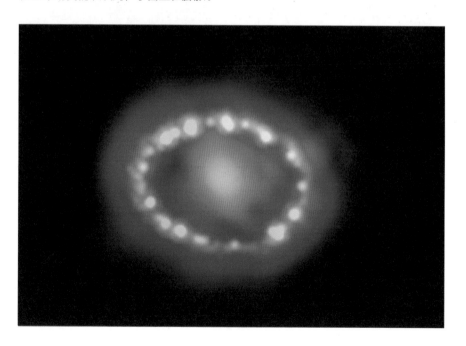

它们比预想的更暗。

可能的解释有两种。要么这几颗超新星和天体物理学家以前研究过的所有爆炸恒星都不一样，要么它们和我们之间的距离比科学家曾经预测的远得多。如果它们的距离确实更远，我们的宇宙模型就肯定有哪儿不对。

科学家会互相竞争吗？

会！当然会。我们之间的竞争和运动员或者象棋选手一样激烈。一般来说，身在科学界，你肯定不想被人抢跑。当年查尔斯·达尔文（Charles Darwin）听说另一位科学家阿尔弗雷德·拉塞尔·华莱士（Alfred Russel Wallace）准备提出和他相似的理论，就赶紧出版了后来我们所知的《物种起源》。他不想让华莱士获得进化论首创者的荣誉。这样的事情在科学界司空见惯，不过要我来说的话，宇宙足够大，容得下我们所有人。大家都有充分的研究空间。

后来，研究超新星的两个天体物理学家团队都获得了诺贝尔奖。在科学的世界里，这相当于打成了平手。

　　哈勃的研究揭示了宇宙正在膨胀，而这些超新星告诉我们，宇宙膨胀得比我们预想的还快。如果不借助爱因斯坦的"污点"——宇宙常数，我们就很难解释多出来的膨胀速度。天体物理学家掸掉尘埃，将这个常数重新放回爱因斯坦的广义相对论里，结果发现，他们的观测结果完全符合爱因斯坦的预测。

　　那些超新星就在它们应该在的地方。

　　所以爱因斯坦最终还是对的。

　　哪怕连他自己都以为错了，他还是对的。

　　这些高速超新星的发现第一次直接证明了宇宙中的确有一种抗衡引力的奇怪新力。宇宙常数真实存在，它需要一个更好的名字。

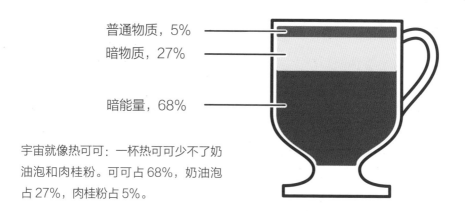

普通物质，5%

暗物质，27%

暗能量，68%

宇宙就像热可可：一杯热可可少不了奶油泡和肉桂粉。可可占68%，奶油泡占27%，肉桂粉占5%。

今天我们叫它"暗能量"。

迄今为止最准确的测量表明，暗能量在宇宙中地位突出。宇宙由物质和能量共同组成。如果我们将宇宙中所有的物质和能量加起来，那么暗能量占据了68%，暗物质占27%，普通物质只占5%。

能让我们看到、感觉到、闻到的普通物质只是宇宙中很小的一部分。

所以这种神秘的力到底是什么？谁也不知道。最靠谱的猜测是，暗能量来自真空。在第四章里，我们不仅讨论了星系际空间的种种危险，还介绍了那些看似空旷的宇宙荒漠里发生的所有事情。粒子和它们的反搭档时隐时现，互相摧毁。在这个过程中，每对正反粒子都会产生一点点向外推的压力。将整个宇宙里这些小小的推力全部加起来，也许你就能得到足够驱动暗能量的力。

这是个合理的想法。不幸的是，如果估算一下这种"真空压力"的总量，你会得到一个天文数字，远大于我们估算的暗能量总数。除了我的太空飞鼠实验以外，这恐怕是科学史上理论与实践之间差距最大的案例。所以"真空压力"不可能是暗能量的来源。

是的，我们毫无头绪。

不过等等。暗能量出自迄今为止我们建立的最棒的宇宙模型：爱因斯坦的广义相对论。它就是宇宙常数。不管暗能量到底是什么，我们已经知道了该如何去测量它，也知道该如何预测它对宇宙的影响，无论是过去、现在，还是未来。

毫无头绪为什么激动人心

读到这里，你可能已经注意到了，"毫无头绪"这个词我提到过不止一次。人们常常觉得科学家傲慢自信，但实际上，我们喜欢被宇宙难住。我们热爱困境，它如此激动人心。它驱动我们每天劲头十足地奔向岗位。作为科学家，你得学会拥抱未知。如果知道了所有答案，那你就没事可干了，只好回家去了。

这场狩猎还没有结束。现在我们知道，暗能量真实存在，多个天体物理学家团队正在你追我赶地揭示它的秘密。也许他们会成功，又或者我们需要建立另一套理论来取代广义相对论。也许有一套暗能量理论正等着还没出世的聪明人去发现，又或者未来的那位天才现在正在阅读本书。

7

小元素与大星球

元素周期表里的宇宙

上中学的时候，我问过老师一个我觉得很简单的问题，和元素周期表有关。几乎每间科学教室的墙上都挂着一张元素周期表，乍看上去，你可能误以为它是某种奇怪的桌面游戏。但这不是游戏。元素周期表呈现的是宇宙中全部118种元素，或者说118种原子。

总而言之，我当时问老师，这些元素来自哪里。

"地壳。"他回答说。

这个答案不尽如人意。学校供应实验室的元素样本肯定来自地壳，但对我来说，这个答案不够。我还想知道，这些元素是怎么跑到地壳里去的。是的，我就是那样的孩子[1]。我发现，答案肯定在天上。元素肯定来自太空。但要回答这个问题，你真的需要了解宇宙的历史吗？

是的，你需要。

普通物质由质子、中子和电子组成。质子和中子结合形成原子核，与此同时，电子绕着原子核旋转。把它们全都组合起来，你就得到了我们所说的原子。元素是一个或多个同类的原子，它们拥有相同数量、相同类型的粒子。氢是所有元素中最简单的一种，它只有一个质子和一个电子。一个或多个这样的氢原子共同组成了氢元素。

大爆炸产生的自然存在的——我们不曾在实验室里制造过

1　直到现在也没变。

元素周期表

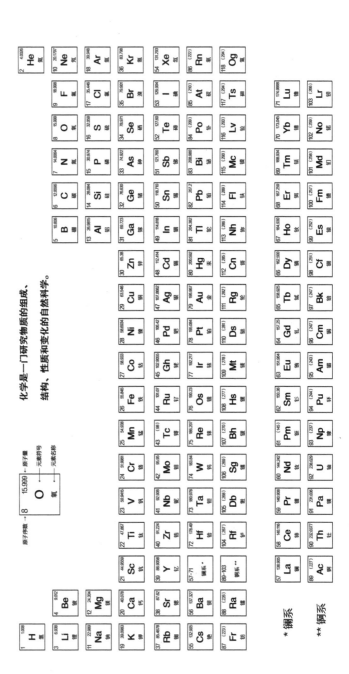

化学是一门研究物质的组成、结构、性质和变化的自然科学。

的——元素只有三种，氢是其中之一。其余的元素都诞生在爆炸恒星高温的心脏和迸发的残骸里。作为元素指导手册的周期表在科学界的地位举足轻重。不过就连科学家也时常情不自禁地觉得，元素周期表就像一座动物园，里面装满了苏斯博士[1]虚构出来的独一无二的怪物。归根结底，这些元素实在太奇怪了。

比如说，钠是一种能被黄油刀切开的有毒金属。你还会在周期表里找到氯，它是一种臭烘烘的致命气体。元素周期表告诉你，这两种危险元素可以共同组成分子，这个主意听起来很糟糕吧。但要是真的把钠和氯结合起来，你就会得到氯化钠，它有一个更常见的名字：食盐。

或者我们再来看看氢和氧？前者是一种爆炸性气体，后者则能助燃。把氢加到火里，火焰就会蹿得很高。但元素周期表告诉我们，这两种元素也能配对。氢和氧的结合产生了液态水，它能灭火。

元素周期表里充满奇迹。我们可以审视每一种元素，了解它们迷人的奇妙特性。不过正如你现在可能已经意识到的，我更愿意聚焦恒星。所以请允许我以天体物理学家的视角，带你去元素周期表里转一圈。

---

1 Dr. Seuss，即希奥多·苏斯·盖索（Theodor Seuss Geisel），20世纪美国儿童文学作家。——编者注

宇宙中最受欢迎的元素

作为最轻、最简单的元素，所有的氢都是在大爆炸中生成的。

在自然界中发现的94种元素里，氢是数量最多的一种。人体内每三个原子里就有两个是氢。而在整个宇宙中，氢占据原子总数的9/10。在太阳中心的酷热火炉里，每一天的每一秒都有45亿吨高速运动的氢粒子发生聚变。太阳的光芒就来自这些聚变产生的能量。

氢

元素中的亚军

你对氦的认识可能来自生日派对。气态的氦几乎和氢一样轻。

不过正如我说过的，氢很容易爆炸。在幼儿园小朋友的生日派对上，氢气球是非常危险的装饰品。

只要有一个氢气球不巧飘到了生日蜡烛旁边，谁都别想活下来拆礼物，所以我们用氦气来吹气球。吸一口这种古怪的气体，再说几句话，你会发现自己的声音变得和米老鼠一样滑稽。

氦

氦是宇宙中第二简单、第二常见的元素。和氢一样，氦也是在大爆炸中生成的。不过恒星也会制造氦。虽然氦的分布没有氢那么广泛，但在整个宇宙里，它的数量仍是其他所有元素总和的四倍之多。

不幸的余烬

拥有三个质子的锂是宇宙中第三简单的元素。和氢、氦一样，

锂

锂也是在大爆炸中生成的，而且它能帮助科学家验证大爆炸理论。根据大爆炸模型，宇宙中任何区域的锂原子都不应该超过总原子数的1%。目前我们还没有发现任何星系的锂原子超过这一上限。理论预测与天文观测结果的吻合进一步证明，我们的宇宙的确是从大爆炸开始的。

孕育生命的元素

碳元素简直无处不在。碳诞生于恒星内部，随后它盘旋着升向

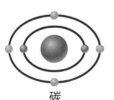

碳

恒星表面，再被喷洒到星系中。碳元素组成的分子种类比其他任何元素都多，据我们所知，碳是生命最重要的成分之一——从渺小的植物、虫子到大象和人类的流行明星。比如说，赛琳娜·戈麦斯（Selena Gomez）就是碳基生命。

　　但那些我们还不了解的生命呢？宇宙中会不会存在不由碳和氧组成的外星生命形式？比如说硅基生命？科幻作家爱写硅基外星生命的故事。外星生物学者——这些科学家致力于研究其他行星上的生命可能的样子——也一直在考虑这种可能性。不过归根结底，我们仍认为大部分生命应该是碳基的，因为宇宙中的碳比硅多得多。

重元素

　　铝在地壳中占据着不小的比例，厚厚的地壳包裹着地球狂野的心脏。古人不了解铝。我个人十分偏爱这种元素，因为抛光的铝可以做成近乎完美的镜子。望远镜里装着能够放大、聚光的镜子，好让天体物理学家更清晰地看到遥远的天体。今天几乎所有的望远镜都选择使用铝涂层的镜子。

钛

　　另一种重元素钛的名字来自强大的希腊神祇泰坦。钛的强度是铝的两倍以上，它可以用来制造军用飞机、义肢（人造的腿和手臂），还有曲棍球棒。这种元素也是天体物理学家的好朋友。

　　宇宙中大部分地方的氧比碳多。这两种分子都不爱独处，所以碳原子会和氧原子结合。哪怕所有碳原子都抓住了一两个氧原子，仍有一些多余的氧原子可以和其他元素结合。氧和钛结合在一起，就会生成氧化钛。天体物理学家在某些恒星内部探测到了氧化钛的存在。最近，一组科学家发现了一颗被氧化钛包裹的新行星。我们甚至会给望远镜的某些零件刷上一种含有氧化钛的白色涂料，因为它能帮我们锐化来自恒星和其他天体的光。

恒星杀手

铁

铁不是宇宙中最常见的元素，但它可能是最重要的一种。小小的元素在巨大的恒星内部不断碰撞、聚合。氢原子彼此碰撞，聚合成氦，然后氦又进一步聚合成碳、氧和其他元素。最终恒星内部的原子会大得足以聚合成铁，这种元素的原子核拥有26个质子和至少等量的中子。比起只拥有一个质子的氢，铁简直就是庞然大物。

铁原子里的质子和中子是所有元素中能量最弱的。这个事实带来了一个简单而激动人心的后果。因为这些粒子都是"哑弹"，所以它们会吸收能量。正常情况下，如果你撕碎一个原子，它会释放能量。同样地，两个原子聚合组成新原子的过程也会释放能量。

但铁跟其他原子不一样。

如果你把铁原子撕碎，它们会吸收能量。

如果你让它们聚合起来，它们还是会吸收能量。

恒星忙于制造能量。比如说，我们的太阳就是一间能量工厂，它释放的高能光子充斥着整个太阳系。不过，一旦大质量恒星的中心开始生成铁，它们就离死亡不远了。铁越多，能量越少。失去了能量来源的恒星会被自身的重量压垮、爆炸，释放出比太阳亮十亿倍的光，持续一周以上。多亏了铁，恒星核制造出来的元素才能穿过宇宙，为更多恒星和行星提供种子。

恐龙毁灭者

铱是元素周期表中第三重的元素。铱很少存在于地球表面，但地表广泛分布的稀薄铱层透露了我们这颗星球的过往。6 500万年前，一颗大小相当于珠穆朗玛峰的小行星撞击了地球，小行星本身在撞击中蒸发，但它杀死了地球上体形大于随身行李箱的所有生物。所以，无论你偏爱哪种恐龙灭绝理论，来自外太空的巨型小行星杀手都应该名列前茅。

铱

尽管铱在地表并不常见，但它普遍存在于大型金属小行星里。这些巨型太空岩石向地球发起自杀式撞击的时候，它内部的铱会随着一大团尘埃云喷溅出去，让铱原子飘落在地球表面。今天的科学家在挖掘地层、研究6 500万年前的地表情况时就发现了一层分布广泛的薄薄的铱。

众神

元素周期表中有一部分元素的名字来自行星和小行星，而这些天体又是以罗马神祇命名的。19世纪初，天文学家发现火星和木星之间有两颗围绕太阳运行的天体。他们以丰收女神之名将第一颗命名为"刻瑞斯"（Ceres，谷神星），又以罗马智慧女神的名字将第二颗命名为"帕拉斯"（Pallas，智神星）。谷神星命名后，人们发现的第一种元素被命名为铈（cerium）；天文学家找到智神星后又用它来命名了此后第一种被发现的元素——钯（palladium），电影里托尼·斯塔克用来给钢铁侠外骨骼提供能量的正是这种物质。[1]

钯

汞

汞是一种室温下呈流动液态的银色金

---

[1] 抱歉，这完全出于虚构。现实中的钯无法提供近乎无限的能量。钚（见下一页）可能更合适一点，但钚的放射性极强，所以钢铁侠恐怕来不及拯救世界就会身患重病，甚至死掉。

属，它的名字来自罗马的飞毛腿信使之神。钍的名字则源自强大的北欧雷神托尔，难怪托尔和钢铁侠关系那么好，元素将他们连接在一起。

没有用我最爱的行星——土星[1]命名的元素，但天王星（Uranus）、海王星（Neptune）和冥王星（Pluto）都有各自的代表元素（它们的名字都是罗马的神祇）。以天王星命名的铀（uranium）是实战中使用过的第一颗原子弹的主要成分。太阳系里，海王星排在天王星后面，所以元素周期表里以海王星为名的镎（neptunium）也紧跟着铀。

铀

周期表里的下一种元素钚（plutonium）不是在自然界里找到的。但科学家设法制造出了足够的钚，并将它装进一颗原子弹里；美国在日本城市长崎上空投下了这颗原子弹，仅仅三天前，他们还在广岛投下了另一颗以铀为燃料的原子弹，第二次世界大战由此迅速结束。有朝一日，我们或许可以利用

钚

1　事实上，地球才是我最爱的行星，土星只能屈居第二。

少量特殊的钚驱动飞船，前往外太阳系。

既然我们已经来到了太阳系边缘，那么通过元素周期表进行的宇宙之旅也该告一段落了。出于某种我不理解的原因，很多人不喜欢化学物质。也许只是因为它们的名字听起来很危险。可是对于这个问题，我们应该责怪的是化学家，而不是化学物质本身。我自己并不反感化学物质，毕竟我最爱的恒星和最亲密的朋友都是由它们构成的。

8

完美主义者

世界为什么是圆的

我每次吃汉堡包都会想起土星。汉堡包本身当然跟土星没关系，但它的形状——尤其是顶上那片圆面包——很有宇宙的风范。它让我想起宇宙是多么偏爱完美的圆球，而球形的天体又是如何在旋转中变形的呢？

我们不妨以土星为例。这颗巨行星自转的速度比地球快得多。你的一天有24个小时，因为我们这颗星球上的某个点——比如说你现在坐着或者站着的地方——需要耗费24个小时才能转完一圈。地球赤道（这颗行星的腰线）上的任何物体都随着地球本身以1 600千米的时速转动。这个速度听起来似乎很快，要知道，飞机的时速只有885千米左右。但无论是飞机还是地球，它们的速度都比土星慢得多。我第二热爱的行星只需要10.5个小时就能转完一圈，或者说，

看哪，这就是土星，我第二热爱的行星！土星上的一天只有10.5个小时。

土星的一天只有 10.5 个小时。而且，土星比地球大太多了，所以要在这么短的时间内转完一圈，土星的赤道时速必须达到 35 400 千米。

如果我们的星球也转这么快，你在学校里的时间就会被压缩到 20 分钟左右。但暑假也同样会缩短，而且我们根本就不会存在。

快速旋转的物体会变得越来越扁。比如说，地球就不是完美的球形。我们的行星绕着一根联通南北极的虚拟直线旋转，两极之间的距离小于赤道直径，换句话说，地球的两极比赤道更平坦一点点。

圣诞老人为什么应该去赤道度假

如果地球自转的速度加快 16 倍，那么离心力会让赤道上的所有东西失去重量。正是因为离心力的存在，旋转木马的乘客才会被推向场地边缘；在你拎着水桶转圈甩的时候，桶里的水不会洒出来，也同样是离心力的功劳。哪怕是现在，以地球目前的自转速度，胖嘟嘟的圣诞老人在赤道上的体重也会比他在北极时轻 450 克左右，因为离心力在极地不起作用。谁不愿意在度假时有个好心情呢？所以要是平时你想找圣诞老人，我会建议你先去赤道看看。

一点点的意思是说：大约只有42千米。

物体转得越快就变得越扁，于是我的思绪又回到了汉堡包上。由于土星的旋转时速高达35 400千米，所以这颗行星的两极比赤道扁了足足10%。这么大的区别哪怕透过业余的小望远镜也能看得出。土星绝不是完美的球形，倒更像汉堡包，腰线凸出，头上顶着"圆面包"。

宇宙热爱球形。除了晶体和岩石碎块以外，宇宙里没几样东西天然拥有棱角。虽然很多物体形状各异，但球形物体的名单长得简直没完没了，从简单的肥皂泡到星系，不胜枚举。

宇宙对球形的偏爱源自物理定律，比如说表面张力。这种力将物体表面的材料凝聚在一起。我们以肥

> **冷知识**
>
> 扁平的球被称为椭球。
> 地球和土星都是椭球。

皂泡为例。肥皂泡由肥皂和水组成，里面包裹着空气。液体的表面张力使得肥皂泡从所有方向挤压其内部的空气，所以它在成形后很快就会利用最小的表面积来包裹这些空气，这样强度才能达到最大，

因为除非必要，肥皂膜不需要扩展得更薄。而在体积相同的情况下，表面积最小的形状是完美的球形。

事实上，如果所有集装箱和超市里所有食品的包装都是球形的，我们每年就能节省好几十亿美元。一个半径11.5厘米的球形罐子就足以装下一大包脆谷乐麦圈，但谁也不愿意在超市里追着去捡货架上滚落的包装食品。

因为缺乏引力，旋转的空间站里所有东西都没有重量，你可以轻轻挤出适量熔化的——或者说液态的——金属，这些小液滴会悬浮在半空中。等到金属冷却变硬，表面张力就会使它们变成绝对完美的球形。

对行星和恒星这样的大型天体来说，表面张力没那么重要。将它们塑造成圆形的是能量和引力。引力不仅能拽落树上的苹果、弯曲空间，它还会努力从各个方向压缩物质，尽量缩小物质占据的空间。但引力有时候也会输——固态物体的化学键很强。地球上最高的山脉——喜马拉雅山之所以能冲破引力高耸入云，全靠地壳里岩石的巨大力量。

在为地球上的高峰欢呼之前，你应该知道，和其他行星相比，地球的表面还算平坦。在攀登喜马拉雅山的渺小人类眼里，这片山脉如此庞大，尤其是对我这样的城里孩子来说，大山看起来简直无边无际。你肯定觉得，要是从远处观察，地球看起来肯定凹凸不平，因为地面上有这么多山脉。但以天体的标准而言，地球表面其实十分光滑。如果你拥有一根超级巨大的手指，那么当你抚摸地球表面（包括海洋和其他地形）的时候，你会发现它像桌球一样光滑。有的地球仪塑造了凸出地表的山脉，但它们的比例完全失真。尽管地面上有凹凸不平的峰谷，而且两极略显扁平，但从太空中看去，地球就像一个完美的圆球。

　　和太阳系里其他一些山脉相比，地球上的山只能算小矮子。火

星最高的火山奥林匹斯山高约2万米，底部宽度近500千米，相比之下，阿拉斯加的麦金利山看起来就像鼹鼠丘，就连珠穆朗玛峰的高度也不到它的一半。

你说这不公平？火星人的运气怎么就这么好呢？其实宇宙的造山秘诀十分简单：天体表面的引力越弱，它的山峰就越高。珠穆朗玛峰差不多是地球上的山峰能达到的极限高度，再高的话，承载山峰的岩层会被它的重量压垮，引力也会把它拽塌。

从另一个方面来说，火星的引力比地球小得多。一名体重30千克的四年级学生在火星上只有11千克。因为火星的引力更小，所以那里的山峰可以长得更高，所以奥林匹斯山才会那么高。

作为地球上最高的山脉，喜马拉雅山没法再长高了。引力会把它拽塌。

当然，地面上有高耸的山峰和低洼的山谷，但从太空中观察，我们的星球看上去就像一个完美、平滑的球体。

★

　　装饰晴朗夜空的恒星也是圆的。恒星是巨型的气体团，在引力的作用下，它们形成了近乎完美的球形。但要是某颗恒星过于靠近另一个强引力天体，后者就会开始掠走它的部分物质。这种现象在双星系统里十分常见，这些成对的恒星被引力束缚在一起，其中一颗通常是垂死的巨型恒星，我们叫它"红巨星"。双星系统中的另一颗恒星会吸走红巨星的物质，将它拉成类似"好时之吻"巧克力的形状。

在艺术家绘制的这幅双星系统概念图里，旋转的中子星正在吸收来自它垂死的邻居 —— 一颗发光的红巨星的物质。

★

接下来我们要讲的就有点奇怪了。

想象一下，大约 1 000 万头大象被塞在一支唇膏里。

要达到这么高的密度，你得费不少劲。原子内部的质子和中子组成了中央的原子核，电子在原子核外绕着它们运行。绕轨运行

这颗中子星名叫维拉（Vela），它也是一颗脉冲星。维拉转得比直升机的旋翼还快。

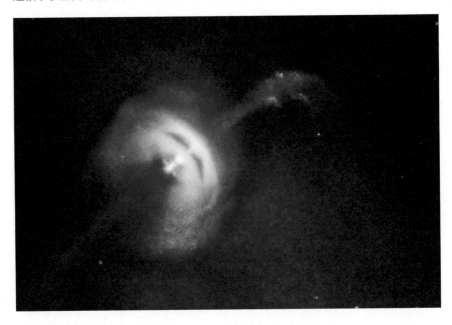

的电子和致密的原子核之间是空旷的空间。要把这么多大象塞进唇膏管里，你只能压缩原子核和电子之间的所有空间。这一举动将把几乎所有（带负电的）电子挤进（带正电的）质子里，创造出一团（电中性的）中子球。

认识一下脉冲星，它也是我最爱的天体之一。脉冲星由气体云（而不是大象）组成，但它的密度堪比刚才那个例子里装了1000万头大象的唇膏管，所以它表面的引力也很强。脉冲星上的山脉高度大概不会超过这页书的厚度。但由于强引力的存在，要想爬上这座小小的山峰，你消耗的能量可能比地球上的攀岩者爬5000千米高的悬崖还多。

我们认为，脉冲星应该是现实宇宙中最完美的球体。

星系组成了形状各异的星系团，有的看起来很不规则，有的被拉成细细的线条，还有的就像一个大平面。但美丽的后发座星系团（我们在介绍暗物质的章节里认识了它）形成的是美丽的球形。

后发座星系团也是我们所说的"松弛系统"。请关掉你脑子里一群星系悠闲倾听抒情爵士乐的画面。这里的"松弛"完全是另一回事。它的含义十分丰富，其中包括一点：你可以通过系统内各个星系运动的速度和方向推测系统的总质量，但你不必亲眼看到系统里的每一个大型天体。通过跟踪这些星系，科学家还能推测系统里藏着多少影响星系运动的看不见的物质，或者说"暗"物质。

正是出于这些原因，松弛系统是我们探测暗物质的绝佳工具。请允许我更加肯定地说一句：要是没有松弛系统，我们可能根本不会发现宇宙中到处都有暗物质。

★

最大、最完美的球体是可见宇宙，或者说，我们的望远镜能看到的那部分宇宙。

无论我们望向哪个方向，星系都在快速远离。离我们越远的星系运动速度越快。无论哪个方向都有一个足够远的距离，那里的天体远离我们的速度和光一样快。一旦超过这个距离，恒星之类的天体发出的光来不及到达地球就会失去所有能量。在穿越这个膨胀宇宙的过程中，光会不断被拉长变暗。既然这些天体发出的光无法抵达地球，我们自然也无法观测到它们。任何方向都存在这样的界限，所以它们最终形成了一个球。

对我们来说，这个球形"边界"以外的宇宙既看不见，也不可知。但你可以自由想象，那里会有些什么东西。

9

假鼻子与望远镜

捕捉不可见光

　　1572年11月11日，丹麦天文学家第谷·布拉赫在傍晚散步时注意到，天空中出现了一颗明亮的新天体。布拉赫曾在决斗中失去了一部分鼻子，他从没用过望远镜观察星星，和他同时代的其他天文学家也没有。但长期的观星经验告诉他，这颗天体肯定是新出现的。

　　那天晚上布拉赫发现的是一颗正在爆炸的恒星，也就是所谓的超新星。

　　大部分超新星出现在遥远的星系里，但如果有一颗恒星在我们的银河系里爆炸，那么它的亮度足以让所有人看见，完全不需要望远镜。事实上，1572年那次爆炸释放的奇异光芒得到了广泛的记录。1604年的另一次超新星爆发也造成了相似的影响。不幸的是，这是我们星系里最近的两次超新星奇观。

　　今天，我们利用强大的望远镜研究宇宙遥远彼端爆炸的恒星。望远镜搜集到的所有信息通过一束光传给地球上的科学家。但超新星释放的不仅仅是可见光——人类裸眼能看到的光，它们射出的光还有一部分是我们看不见的。

　　现代天文望远镜能捕捉所有类型的光，要是没有它们，天体物理学家绝不会发现宇宙的某些惊天秘密。

第谷的鼻子

让著名天文学家第谷·布拉赫失去鼻子的那次决斗不像你想的那么老派。事实上,这次战斗源于一场关于数学的争执。他住在一座城堡里,还养了一头麋鹿作为宠物。至于第谷戴了大半辈子的那只假鼻子,有流言说它是用银子或者金子做的,但几年前科学家们真的挖出了这位著名学者的遗骸,并在他的鼻骨附近找到了铜的痕迹。还有同样未经确认的流言说,布拉赫可能是被谋杀的。我向你们保证,朋友们,现代天体物理学家的生活绝不会这么戏剧化。

1800年以前,除了用作动词和形容词以外,"光"这个词指的仅仅是可见光。但在那年年初,英国天文学家威廉·赫歇尔(William Herschel)(早在1781年,他就因为发现了天王星而声名鹊起)开始探索阳光、颜色和热之间的关系。起初,赫歇尔将棱镜(一种能将光分成不同颜色的玻璃设备)放在一束阳光中,但他并没有发现什么新东西。艾萨克·牛顿爵士早在17世纪就做过同样的实验，并给我们熟悉的彩虹的七种颜色起了名字：红橙黄绿蓝靛紫。

牛顿用棱镜将一束阳光分成了不同的颜色，但好奇的赫歇尔还想知道，各种颜色的温度有没有区别。于是他在每种颜色的光里各放了一支温度计。当然，他发现不同颜色光的温度的确不一样。比如说，红光就比紫光暖和。

他还在光谱外面，也就是红光的范围外放了一支温度计。按照

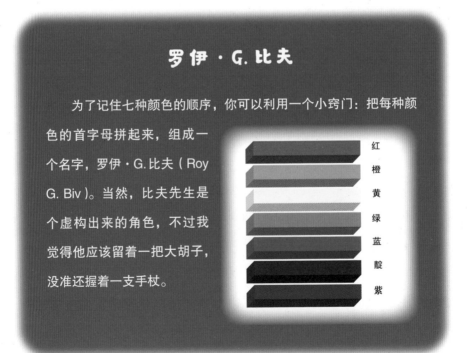

罗伊·G. 比夫

为了记住七种颜色的顺序，你可以利用一个小窍门：把每种颜色的首字母拼起来，组成一个名字，罗伊·G. 比夫（Roy G. Biv）。当然，比夫先生是个虚构出来的角色，不过我觉得他应该留着一把大胡子，没准还握着一支手杖。

红
橙
黄
绿
蓝
靛
紫

赫歇尔的预想，温度计的读数应该不超过室温，但事实却不是这样。这支温度计的读数甚至比放在红光里的那支还高。这意味着除了他一直研究的那几种颜色的光以外，阳光中还藏着某种新形式的光。

一束看不见的光。

赫歇尔无意间发现了"红外"线，这是我们所说的电磁波谱——包含可见光和不可见光的加大版彩虹——中全新的一部分。其他研究者立即跟随赫歇尔的脚步走了下去。1801年，一位德国物理学家在光谱的紫色端也发现了不可见光存在的证据。紫色以外是什么？"紫外"线，今天我们通常简称为"UV"。

审视整个光谱，从低能低频光到高能高频光，它们分别是无线电波、微波、红外线、罗伊·G.比夫、紫外线、X射线和伽马射线。这份名单里有很多种古代科学家并不熟悉，甚至完全不知道的光，但今天的我们正学着研究、利用它们。

不知为何，天体物理学家花了很长时间才造出了能探测各种不可见光的望远镜。300多年来，科学家一直把望远镜当成帮助肉眼拓展视野的工具，就像用于太空的放大镜。越大的望远镜能看到的天体越远；镜片的形状越完美，它形成的图像就越清晰。但这些新形式的光需要新的硬件。比如说，要探测X射线，你需要特别光滑的镜子。要想捕捉长长的无线电波，你的探测器倒不必那么精确，但在你的能力范围内，你应该把它造得越大越好。

超新星释放的光芒是全谱段的，包括可见光和不可见光，但单台的望远镜或探测器不可能把它们全都捕捉到。解决这个问题的方案很简单：采集多台望远镜的图像，然后把它们拼接起来。虽然我们"看"不到不可见光，却能用特定的颜色代表不同类型的光，再结合所有望远镜和探测器记录的数据，得到一幅完整的图像。

这正是我为超人朋友做的事，我是说在漫画里。超人来到海登天文馆拜访我和同事的时候，我告诉他，我们还没有拿到望远镜的数据。为了观察超人母星太阳的死亡，我们请求世界各地的天文台将望远镜对准他的家乡。要搜集这么多望远镜和探测器的数据，并把它们转化为一幅直观的图像，这是一个巨大的挑战。事实上，漫画里天文馆的电脑无法完成这个任务。所以超人自己——他的大脑正是一台超级计算机——将所有数据拼接起来，生成了一幅母星太阳爆炸的图像，包括可见光、红外线和其他形式的光。

我知道，对于超人，大家津津乐道的总是他不怕子弹，眼睛能发射激光，会飞，诸如此类。但要我说，他能处理这么多天体物理学数据，甚至比超级计算机还快，这才是真正的超能力。

★

　　人类建造的第一批捕捉不可见光的望远镜是射电望远镜。这类观测仪十分奇妙。1929年到1930年，美国工程师卡尔·G.扬斯基（Karl G. Jansky）成功建造了第一台射电观测仪。它看起来有点像机械化农场里的移动洒水系统，高耸的矩形金属框架转起来又像旋转木马，搭载设备的轮子则来自一辆福特T型车的备胎，几年前，这款车曾风行一时。为了捕捉波长约15米的无线电信号，扬斯基建造了这台长达30米的设备。

卡尔·G.扬斯基的望远镜之所以会被比作旋转木马，是因为它在捕捉来自太空的无线电信号时会不停旋转。

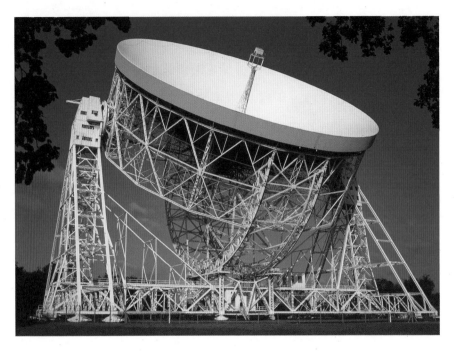

76 米宽的 MK1 望远镜坐落在英国，它于 1957 年开始搜寻无线电波。

当时的科学家相信，无线电波只可能来自近处的雷暴或者地球上的其他源头。利用这台奇怪的天线，扬斯基却发现，某些无线电波可以追溯到银河系中心。有了新的观测手段，射电天文学应运而生。

科学家们终于可以通过可见光以外的其他东西观察天空了。

现代的射电望远镜有时候大得超乎想象。1957 年投入使用的 MK1 是地球上第一台真正的巨型射电望远镜——这台宽达 76 米的单体可旋转碟形天线坐落在英国曼彻斯特附近的卓瑞尔河岸天文台，它的主体由坚固的钢铁构成。世界上最大的射电望远镜建成于2016年，它名叫"500米口径球面射电望远镜"，或者简称"FAST"。这台耗资1.8亿美元的设备坐落在中国贵州省，它的面积比30个足球场加起来还大。

如果未来某天，外星人给我们打了一个电话，中国人肯定第一个知道。

要搜寻微波，我们有阿塔卡马大型毫米波阵列（ALMA）的66台天线。ALMA坐落在南美洲智利北部偏僻的安第斯山区，它让天体物理学家得以追踪其他望远镜看不见的宇宙事件。透过这台望远镜，我们可以看到巨型气体云转化为孕育恒星的温床。

ALMA修建在地球上最干旱的地方，这里离海平面大约有5千米，最潮湿的云层被它远远地甩在脚下。这是科学家们有意为之，地球大气中的水蒸气会吸收ALMA和其他探测器试图捕捉的微波，天体物理学家希望这些信号尽量完好无损地进入望远镜。所以，要想不受干扰地观测天体，你必须尽量减少望远镜和太空之间的水蒸气，就像ALMA的设计者所做的那样。

拥有 66 台天线的巨型望远镜 ALMA 坐落在偏僻的安第斯山区，它让科学家得以研究恒星如何诞生。

　　一般来说，远离大城市的干燥天空是观察宇宙的好地方。这也是我小时候最爱的暑假旅行目的地——乌拉尼伯营地——选址在沙漠里的主要原因。

　　刚才我们介绍了观测无线电波和微波的望远镜，它们的波长都比较长。而在光谱中波长特别短的那头，你会找到高频高能的伽马射线。虽然早在 1900 年，人们就发现了伽马射线的存在，但直到

1961年，NASA在探险家11号卫星上搭载了一种新的望远镜以后，我们才在宇宙中探测到了这种光。

漫画迷都知道，伽马射线对你没好处。科学家布鲁斯·班纳就是在一次实验事故中照射了伽马射线才会变成《复仇者联盟》系列电影里那个肌肉发达、满腔怒火的绿巨人浩克。但伽马射线其实很难捕捉，它们会穿透普通的镜片和镜子。所以探险家11号搭载的望远镜放弃了直接捕捉伽马射线，而是用一台设备来记录伽马射线穿过时留下的证据。

我最不喜欢的超级英雄

不，伽马射线不会把你变成绿色的怪兽，但从科学的角度来说，这不是我不喜欢浩克的原因。要知道，布鲁斯·班纳是个普通体形的男性，可是当他变成浩克以后，他一下子暴涨到2.7米高，重达数百千克，甚至可能不止。班纳获得了质量——这违反了物理定律。你不可能凭空获得质量。我可以认为浩克身体里多出来的物质是由能量转化而来的，但如果真是这样，那他没准会耗尽整座城市的能量。

两年后，美国发射了一系列新的卫星——维拉号来寻找爆发的伽马射线。

当时，美国担心苏联正在测试危险的新核武器。这类试验会释放出伽马射线，所以美国发射了卫星来寻找证据。维拉号的确找到了爆发的伽马射线，而且几乎每天都有。但这跟苏联没关系。他们观测到的伽马射线来自宇宙彼端的爆炸。

今天，我们的望远镜可以探测光谱中所有类型的不可见光。现在我们既能观测波长十多米的低频无线电波，又能研究波长不超过千万亿分之一米的高频伽马射线——这种光相邻波峰之间的距离小得超乎想象。

对天体物理学家来说，这些望远镜是他们解答各种问题的工具。想知道星系里的恒星之间藏着多少气体？射电望远镜会告诉你答案。对宇宙背景辐射和大爆炸感兴趣？微波望远镜至关重要。想窥探银河系气体云深处的景象，了解恒星是如何诞生的？红外望远镜可以帮助你。想不想研究黑洞？紫外线和X射线望远镜是你的最佳搭档。想观察巨型恒星能量十足的爆炸？请透过伽马射线望远镜欣赏这出大戏吧。

　　尽管在第谷·布拉赫的年代，天空中有那么多秘密等待我们去发现，但我还是更愿意做今天的观星者。不光是因为我们这个时代更文明一点，没人想削掉我的鼻子，更因为对天体物理学家来说，这是一个了不起的年代，因为我们知道，宇宙中有一些最激动人心的事件是看不见的。

　　而我们能将它们尽收眼底。[1]

1　除了暗物质以外。不过我们可能也快看到了。

拜访太阳系邻居

行星、彗星和卫星

眺望太阳系的外星人也许会觉得它看起来很空旷。太阳、所有行星和它们的卫星只占据了太阳系里很小的一部分空间。但我们的太阳系并不空旷。一点也不。行星之间的太空里点缀着各种各样的大小石块、冰球、尘埃、带电粒子流和许许多多探测器。

我们的太阳系一点也不空旷，实际上，绕轨运行的地球每天都会遭遇好几百吨流星——其中大部分比一粒沙还小。几乎所有流星都会在地球的上层大气（包裹我们这颗星球的空气层）中燃烧殆尽。这些闯进大气层的流星携带的能量极高，所以它们一接触大气就蒸发了。这是件好事。要是没有这层空气保护毯，我们的祖先没准早在远古时期就已经被太空岩石灭族，根本不可能演化成今天上网发自拍的我们。

更大一些（高尔夫球大小）的流星在蒸发前常常会裂成很多小块。虽然它们在穿过空气时表面可能被烧焦，但总归有机会到达地面。在我们这颗星球的早期历史上，坠落的流星不计其数，它们的撞击甚至熔化了我们的地壳，也就是这颗行星坚硬的表层。

大量太空垃圾造就了月球。有证据表明，年轻的地球是被一颗火星大小的天体撞歪的。这次撞击将大量尘埃和岩石送到了绕地球运行的轨道上，这些碎屑渐渐聚集到一起，形成了低密度的可爱月亮。

被太空岩石狂轰滥炸的天体不止地球一个。月球和水星表面的诸多环形山都是过去的撞击留下的证据。太空中充满了大大小小的石块，那是火星、月球和地球被高速天体撞击后飞溅出去的碎屑。每年大约有1 000吨火星岩石坠落到地球上，月球岩石的数量可能也差不多。所以要搜集月球岩石，我们或许不必派遣宇航员登月。降落到地球上的月岩已经够多了。

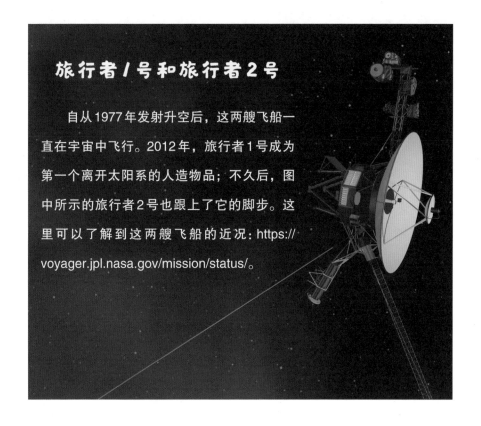

旅行者1号和旅行者2号

　　自从1977年发射升空后，这两艘飞船一直在宇宙中飞行。2012年，旅行者1号成为第一个离开太阳系的人造物品；不久后，图中所示的旅行者2号也跟上了它的脚步。这里可以了解到这两艘飞船的近况：https://voyager.jpl.nasa.gov/mission/status/。

掘金太空岩石

大部分陨石都"扑通扑通"掉进了海里，因为水覆盖了我们这颗星球表面的72%。不过有人喜欢搜集陨石，这项爱好有时候非常昂贵。一位"陨石猎手"说，这些石头是"从天而降的钞票"，合适的太空岩石真的能让你赚到钱。2012年，有人以33万美元的价格卖掉了一块来自月球的岩石。

★

太阳系里的大部分小行星分布在小行星带里，这片大致扁平的区域位于火星和木星轨道之间。小行星带看上去其实更像一个压扁的甜甜圈，而不像一条带子；艺术作品里的小行星带通常充满了缓慢运动的散落岩石。这些小行星里的任何一颗——可能有几千颗——都可能在未来某天撞向地球。大部分小行星将在未来1亿年内坠向地球。如果小行星的直径超过1千米，撞击释放的能量就足以毁灭地球上的绝大部分陆地物种。

真糟糕。

　　彗星也可能威胁地球上的生命。最著名的哈雷彗星大约每隔75年就会从夜空中划过一次。这颗巨型冰石块比地球的年纪还大，它最后一次出现是在1986年。如果哈雷彗星撞上了地球，那么它带来的冲击力相当于100万座火山同时爆发。

　　这也很糟糕。

　　但哈雷彗星下次造访地球是在2061年，而且它和我们之间的距离够远，不至于毁灭文明。如果到时候你在地球上，没忙着计划去

图中的哈雷彗星非常值得一看，但我们不希望它离地表太近。否则就太糟糕了。

月球酒店的行程或者修理自己的家用机器人，那我建议你找一台像样的望远镜。

往柯伊伯带外面再走很远，大约在太阳系和最近的恒星中间，分布着许多彗星，我们称之为"奥尔特云"。这片区域是长周期彗星的家，它们的轨道半径很大，所以这些彗星转完一圈需要的时间比人的一生长得多。20世纪90年代最明亮的两颗彗星——海尔-波普彗星和百武彗星——都来自奥尔特云。短时间内它们不会回来，所以你没机会看到它们。不过我可以向你保证，它们真的非常壮丽。百武彗星的亮度很高，不用望远镜，你站在纽约时代广场中间就能看到它。

我最后一次计数的时候，太阳系里的所有行星一共拥有56颗卫星。某天早上我醒来，发现科学家又发现了十几颗绕土星运行的卫星。从那之后，我决定停止计数。现在我只在乎哪颗卫星足够有趣，值得造访或者研究。我至少能想出几个候选对象。从某种角度来说，太阳系里的卫星比它们围绕运行的行星迷人得多。

土卫六泰坦是我第二热爱的行星最大的一颗卫星，这颗卫星上的细流汇聚成河，又汇成一个个巨型湖泊。这些湖泊里的液体不是水，而是甲烷。我们已经发射了一艘飞船去研究这颗卫星，毫无疑问，近距离的观察必然能揭示更多有趣的细节。

我最爱的卫星可能是绕木星运行的那些。这个系统里充满了奇怪的天体。离木星最近的木卫一伊娥是太阳系里火山运动最活跃的地方，这颗卫星的温度极高，不适合造访。木星的另一颗卫星木卫二欧罗巴覆盖着一层冰盖，所以它也不是理想的度假地点。但要是你想寻找地外生命，欧罗巴是太阳系里最值得期待的地方之一。如果说除了地球以外，我们的恒星系里有什么地方最适合寻找生命，那必然是这里。

乍看上去，天体物理学家可能不会觉得欧罗巴适合生命存活。一般情况下，我们会寻找宜居带（"金发姑娘带"）里的行星和卫星。我们在第一章里讨论过，这位年轻的金发闯入者不喜欢自己的粥太冷或者太烫，天体物理学家在寻找适合孕育生命的行星时也遵循同样的准则。我们寻找的区域不能离恒星太近，高热会蒸发地表水分，而我们知道液态水对生命至关重要。但要是离恒星——欧罗巴的恒星是太阳——太远，水又会结冰，那就太冷了。我们要找的是那些既不冷也不热的行星。

欧罗巴不在宜居带里，而且它冰冻的表面也不像是适合孕育生命的地方。但我们发现，这颗卫星不需要太阳。绕木星运行的过程

欧罗巴任务

　　我们都想去欧罗巴。那里可能蕴藏着惊天动地的科学发现。但我们需要解决几个高难度工程学问题。首先，我们必须向这颗卫星发射一艘飞船，然后这艘飞船，或者它搭载的另一艘更小的飞船，必须从轨道上降落到欧罗巴冰冻的地表。接下来，我们还得玩一玩冰钓。覆盖海面的冰层厚度可能超过1.6千米，我们必须钻透冰层才能抵达下方的水面。然后，我们还需要另一个探测器——一艘能在水里漫游的潜艇——去搜集信息，再把这些信息送回地球上如饥似渴的科学家手里。是的，这是个艰难的挑战。但想象一下我们可能发现什么！

中，欧罗巴的形状会发生变化。来自行星的引力时而将它抓紧，时而松开，这个过程将能量传递给了欧罗巴，加热了海洋冰层下方的水。我们有理由认为，这些温暖的水已经存在了上亿年。想在地球以外的地方寻找生命，欧罗巴应该是我们的下一个目的地。

从传统上说，行星以罗马神明命名，它们的卫星则以希腊神话中的人物为名。这些古典的神祇社会生活十分复杂，所以不必担心名字不够用。唯一违反这条规则的是天王星的卫星，它们的名字来自英国戏剧和诗歌里的英雄。在这里，你看不到"欧罗巴"和"伊娥"这样的名字，倒是能找到"帕克"和"爱丽儿"，他们俩都是威廉·莎士比亚戏剧里的精灵。（前者不是冰球[1]，后者也不是小美人鱼）

　　1781年，威廉·赫歇尔，就是发现不可见光的那位科学家，找到了我们单靠肉眼看不见的第一颗行星。当时他打算把这颗行星的名字献给自己忠诚侍奉的国王。要是赫歇尔成功了，那么太阳系里的行星名字就会变成：水星、金星、地球、火星、木星、土星和乔治。幸运的是，几年后，人们决定采用天空之神的名字"乌拉诺斯"来命名这颗行星，它就是天王星。

　　虽然太阳系里所有的行星和卫星都有了名字，但还有很多小行星没有命名。发现者可以随心所欲地给它们起名字，如今我也得

1　"帕克"（Puck）也有"冰球"的意思。——编者注

为太阳系里的某块"太空垃圾"负责。2000年11月，大卫·列维（David Levy）和卡罗琳·苏梅克（Carolyn Shoemaker）发现的主带小行星1994KA以我的名字命名为"13123 Tyson"。虽然我很感激，但也不必为此感到飘飘然。很多小行星都顶着我们熟悉的名字，比如乔迪、哈里特或者托马斯，甚至有小行星叫梅林、詹姆斯·邦德和圣诞老人。要不了多久，数以十万计的小行星没准就会耗尽我们起名的灵感。不管那一天会不会到来，想到我的太空碎片在行星际空间中并不孤单，我很高兴。

同样令我高兴的是，至少现在，我的小行星还没有撞向地球。

11

外星人眼中的地球

生命存在的证据

要理解地球在遥远的外星智慧生物眼中的样子，我们不妨远离地面，从太空中看看地球。

在地球上，从一个地方去另一个地方，无论你是喜欢奔跑、游泳、走路还是骑车，你都可以近距离观察这颗行星上无限丰富的细节。你也许会看到一只蛾子困在蜘蛛网里，一滴水从树叶上滑落，一只寄居蟹匆匆爬过沙地，或者一名少年鼻子上的青春痘。

从地面上看，地球的细节十分丰富，你只需要睁眼去看。

现在我们开始上升。透过正在爬升的飞机舷窗，这些地面上的细节很快就会消失。没有蜘蛛的开胃菜。没有受到惊吓的螃蟹。没有青春痘。当你飞到离地面约1万米的巡航高度，你甚至很难认出自己生活的镇子。

向太空上升的过程中，细节不断消失。国际空间站的轨道高度

冷知识

你能从太空中看到中国的长城吗？不能！尽管长城绵延万里，但它的宽度大约只有6米——比美国的高速公路窄得多，要知道，你在高空飞行的飞机上就很难看到地面的高速公路了。

大约是400千米。透过空间站的窗户，你或许能在白天找到巴黎、伦敦、纽约和洛杉矶，但前提是你必须熟悉地理。你可能连吉萨的大金字塔都看不见，更别说中国的长城了。

如果你站在40万千米外的月球上看，纽约、巴黎和地球上其他灯火闪烁的城市连光点都算不上。但你还是可以看到地球上空大片的冷空气和其他大型天气现象。现在我们不妨假设你趁火星离地球最近的时候——约5 600万千米——登上了那颗红色星球。透过后院里的大型望远镜，你应该能看到冰雪覆盖的宏伟山脉和大陆的边缘。但也仅此而已。你不会看出地球上还有城市。

而在48亿千米外的海王星上，太阳的亮度只有地球上的千分之一。至于地球？它变成了一颗不比暗星亮多少的斑点，完全淹没在太阳的光辉中。

我们有证据：1990年，旅行者1号飞船在刚刚越过海王星轨道的位置拍摄了一张地球的照片。深空中的地球看起来毫不起眼，用美国天体物理学家卡尔·萨根（Carl Sagan）的话说，就是一个"暗淡蓝点"。这个形容已经够慷慨了。看到旅行者1号拍摄的那张照片，你没准根本不知道里面还有地球。

如果某些大脑袋的外星人从很远很远的地方透过最先进的望远镜眺望天空，那会怎样？行星地球上有哪些可见的特征有可能被他旅行者1号太空探测器拍摄的这张照片是地球和月球的第一张合影。等到这艘飞船越过海王星轨道后，地球就成了一个遥远的"暗淡蓝点"。

们探测到？

蓝色，这应该是最显眼的。水覆盖了地球表面的2/3还多，光是太平洋就几乎占据了地球的整整一面。如果这些外星人能探测到地球的颜色，他们也许会猜测，这片蓝色来自水。他们可能也很熟悉水，不光是因为水是生命的来源，还因为它是宇宙中最常见的分子之一。

如果外星人的设备足够强大，那么除了一个暗淡蓝点以外，他们还能看到一些别的东西。他们会看到海岸线，这意味着地球上的水很可能是液态的，因为冰冻的星球不可能有海岸线。聪明的外星人肯定知道，如果一颗行星上有液态水，那它很可能栖息着生命。

外星人还会看见地球极地的冰冠，它会随着气温的变化扩张、缩小。通过研究地球表面，跟踪大块陆地出现和消失的周期，他们还会发现，我们这颗行星每24小时自转一圈。于是他们知道了地球上一天的长度。这些外星人会看到大型天气系统的出现和消失。他们可以研究我们的云。

现在我们该考虑一下外星人是不是真能看见我们了。

最近的系外行星——围绕除太阳以外的其他恒星运行的最近行星——藏在离我们大约4光年外的"邻居"半人马座 α 星系里。也就是说，光需要一口气跑4年才能到达那里，既不能停下来加油也不能上厕所。光速约为30万千米每秒，所以4光年外的半人马座 α 星的那位"邻居"实际上离我们非常非常远。

太阳系外离我们最近的行星围绕 4 光年外的半人马座 α 星运行。

但这已经算很近了。科学家发现的大部分系外行星距离我们几十到几百光年。地球的亮度不到太阳的十亿分之一，所以单靠可见光望远镜，那些行星上的外星人几乎不可能看见我们。这就像试图探测一盏巨型探照灯旁萤火虫的光芒。所以，如果外星人真能找到我们，他们看到的很可能是我们发出的不可见光，例如红外线。在红外波段，太阳和地球的亮度反差没有那么大。

又或者他们的工程师采用了另一种完全不同的策略。

我先假设你曾在朋友的照片里抢过镜头。就连成熟的天体物理学家也无法拒绝这种普通恶作剧的诱惑，实际上，我们用来寻找遥远恒星的一种技巧和"抢镜头"有相似之处。正如远处的外星人很难发现地球，我们也难以直接看到遥远的行星。所以，NASA 设计建造了一台望远镜——开普勒太空望远镜，来寻找那些抢了附近恒星镜头的渺小行星。

开普勒望远镜寻找的是那些总亮度会周期性下降一点点的恒星。在这种情况下，开普勒的"视线"刚好能看到一颗恒星变暗了一点，那是因为围绕它运行的行星正好掠过它的正面，就像一只小虫子从你和朋友的照片上飞过。这种方法不能让你直接看到行星，更别说

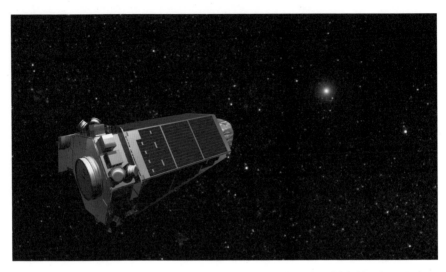

了不起的开普勒望远镜帮助科学家发现了成千上万颗新行星。其中某颗行星上会不会栖息着生命?

行星表面的任何地貌。但你可以看到,那里的确有东西。开普勒发现了成千上万颗系外行星,其中包括几百个拥有多个行星的恒星系,就像我们的太阳系一样。

外星人也可以利用这种技术来探测地球。观察太阳的时候,他们会探测到它的亮度降低了一点,那是我们的行星闯进了太阳和他们之间。很好。他们会发现地球的存在,但不会知道地表的任何事情。

无线电波和微波可能会有帮助。也许这些"听墙脚"的外星人拥有类似FAST(我们在第九章中讨论过中国这台巨大的500米射电望远镜）的设备。这样一来，只要他们调到正确的频率，我们就将成为天空中最明亮的光源之一。我们的现代广播、手机、微波炉、车库自动门、车钥匙和通信卫星全都在叽叽喳喳地发出信号。地球在这些长波段上非常耀眼。如果外星人选对了望远镜和探测器，这些信号将成为确凿无疑的证据：这颗行星上的确有非同寻常的东西。

地球看起来就像在举办一场相当有趣的派对。

神秘的无线电波曾让科学家陷入困境，他们曾短暂地想过，说不定真有外星人试图跟我们交流。1967年，天体物理学家安东尼·休伊什（Antony Hewish）和他的团队试图在天空中寻找强烈的无线电波，结果却发现了非常奇怪的事情：一颗遥远的天体正在以略快于每秒一次的频率发出脉冲。当时，第一个注意到这件事的是休伊什手下的一名研究生——约瑟琳·贝尔（Jocelyn Bell）。

也许那是另一个文明在向宇宙宣示他们的存在——外星人发出的无线电版本的"喂，我在这里！"这个想法十分诱人，但贝尔却觉得它很烦人。当时，她正在努力攻读研究生学位，那些想象中的小绿人和他们发出的信号实在令人分心。不过几天后，她又发现了来自银河系其他地方的重复信号。贝尔和其他科学家意识到，他们发现的不是

谁该得奖？

虽然科学家们普遍认为约瑟琳·贝尔——她现在叫约瑟琳·贝尔·伯奈尔——发现了脉冲星，但表彰这项工作的诺贝尔奖却发给了她的导师安东尼·休伊什。1977年，贝尔·伯奈尔坚持说，她没觉得自己受到了冷落，但很多人认为贝尔没得奖是因为她的性别。从那以后，因为发现了脉冲星和后续的其他研究，贝尔·伯奈尔获得了其他许多奖项，她一直非常支持女性从事科学工作。

外星人，而是一种新的天体——一种完全由中子组成的恒星（就是密度相当于在一支唇膏里装了1 000万头大象的那种恒星），它们每自转一圈就会发出无线电波的脉冲。休伊什和贝尔形象地叫它们"脉冲星"。贝尔不光拿到了学位，还做出了20世纪最重要的发现之一。

★

探测外星人——或者说先进的地外生命探测我们——的方式还有

很多。地外文明可以通过研究我们这颗行星的光来探查地球附近存在哪些分子。如果一颗行星拥有植物和动物，那么它的大气中应该富含我们所说的"生物标记"。别以为这是什么魔法标记，生物标记分子其实更像某种线索。如果一颗行星拥有生物标记，科学家们就知道，那里可能存在生命。这些分子广泛存在于拥有生命的环境中。

地球上的甲烷就是一种生物标记。一部分甲烷来源于自然，例如腐烂的植物；剩下的则是人类活动的副产品，例如燃油制造、稻米种植、排污，以及家畜放的屁。

是的，有朝一日，牛屁说不定会帮助外星人发现我们。

不过，对寻找我们的外星人来说，最醒目的信号应该是我们的大气中自由飘浮的氧。氧是宇宙中第三常见的元素，它的化学性质十分活跃，就像学校里跟谁都能跳舞的那个孩子。能和氧结合的元素包括氢、碳、氮、硅等。它甚至能与自己结合。这种分子不喜欢孤单和自由。

所以，如果外星人看到了自由飘浮的氧，他们或许会猜到，一定有什么东西让它们解脱了束缚。在地球上，我们知道"罪魁祸首"是生命。光合作用（植物将阳光转化为养料的过程）创造出了海洋和大气中的自由氧，空气中的自由氧又使人类和动物王国的几乎所有成员得以生存。

土卫六上有牛吗?

现在科学家们正在争论,火星上的少量甲烷和土卫六泰坦上的大量甲烷来自哪里。甲烷从哪儿来? 很不幸,反正不是外星牛。土卫六上流淌着甲烷的河流,整片的湖泊里也充斥着这种生物标记。

我们这些地球居民已经知道氧和其他生物标记的重要性,但外星人只能自己去搞清这件事。如果他们认为,这些线索是生命存在的确凿证据,那么他们也许会进一步想,那些生命是否有智慧。有时候,我也会问自己这个问题。

不过,真有外星人在宇宙中寻找生命的迹象吗? 第一颗系外行星发现于1995年,就在我写下这段话的时候,系外行星的总数已经超过了4 000颗。现在,科学家们认为,仅在银河系就有多达400亿颗尺寸和地球相仿的行星。有了这么庞大的基数,在外面的某个地方,没准真有什么人或者什么东西,正在眺望我们。

12

在小·蓝点上眺望

用宇宙视角看万物

孩子们最难认清的事实是，自己其实不是宇宙的中心。我还记得自己5岁生日那天，妈妈从商店回到家里，在蛋糕中间插了一根蜡烛。那根蜡烛做成了数字5的形状。我惊讶极了。商店里的人知道我满5岁了！他们专门为我制造了这根蜡烛。

无论如何，当时我真是这么想的。我根本没有考虑过，全世界那么多孩子都会满5岁，所以这样的蜡烛应该有很多。这件事和恒星、星系有什么关系？

天体物理学教会了我们，我们也不是世界的中心。

从天体物理学的角度来看，就连宇宙也可能不是唯一的。这门学科让我们以宇宙的视角看待万事万物。

但谁会以这样的方式思考呢？谁能从宇宙的高度看待生命？肯定不是那些为了养活家人辛劳工作的农民，也不是工厂里靠着制作电子元件换取微薄薪水的工人，更不是在垃圾堆里翻找食物的流浪汉。你需要生存以外的闲暇时间。或者你需要足够年轻、足够舒适，不必担心食物或者安全问题，并且愿意从手机应用、短信或者最新的电视剧里抬起头来，眺望星空。

宇宙视角蕴含着隐藏的代价。当我跨越千里，只为了在日全食时月球快速移动的阴影中停留片刻，有时候我会忘记地球上的事情。

当我停下来思考膨胀的宇宙、匆匆远离彼此的恒星和不断延伸的时空经纬，有时候我会忘记地球上还有数不清的人食不果腹、无家可归，其中有很多是和你一样的孩子。

当我沉醉于跟踪小行星、彗星和行星的轨道，它们就像宇宙芭蕾中踮着脚的舞者，在引力的指引下翩翩起舞，有时候我会忘记太多人忽略了地球大气、海洋和陆地之间的微妙关系。

有时候我会忘记，有权有势的人很少倾尽全力，去帮助那些无力自救的人。

我偶尔会忘记这些事，是因为无论世界在我们的心灵中、头脑里、特大号的电子地图上有多大，宇宙都比它更大。有的人可能觉得这件事令人沮丧，但我却备受鼓舞。

我相信，你有时候会被大人责骂，他们会说，你的问题没有那么重要。他们甚至会提醒你，世界不是围着你转的。但我们大人也需要告诉自己这句话。

如果世界上的每个人，特别是那些拥有权势和影响力的人，都能以开阔的视角看待我们在宇宙中的地位，那会怎样呢？从这个角度去看，我们的问题会变小——甚至不复存在，大家都能包容彼此的小小差异，而不是为此争执吵闹。

★

　　2000年1月，刚刚修缮一新的纽约海登天文馆推出了题为"宇宙通行证"的太空秀，游客可以亲身体会宇宙视角，从天文馆出发，直至宇宙边缘。观众先是看到了地球，然后是太阳系，他们看到亿万颗恒星随银河系不断缩小，最终变成天文馆穹顶上几乎微不可见的小点。

　　开馆仪式后的一个月内，我收到了一位大学教授写来的信，他专门研究那些让人觉得自己渺小的东西。我从来不知道竟然还有这方面的专家。他想向观众发放一份对比问卷，调查他们在观看了这场太空秀后有多沮丧。他在信中说，"宇宙通行证"让他感觉十分糟糕。

　　怎么会这样？每次观看这场太空秀（以及我们制作的其他节目），我总是深受鼓舞、精神焕发，感觉宇宙和我息息相关。我还感觉自己变得很大，因为重量只有1 400克的人类大脑让我们认清了自己在宇宙中的地位。

　　请容我说一句，对自然有所误解的不是我而是这位教授。他觉得人类比宇宙中的其他所有东西都更重要，因此他的自我认识无理由地膨胀了。

　　不过也要说句公道话，出于强大的社会惯性，我们大多数人都是这么想的。我自己也曾这样想过，直到有一天，我在生物课上学到，在我体内一个小点上生活的细菌也比地球上生活过的所有人加起来还多。这类信息会让你重新思考，到底谁——或者说什么东西——才是真正的主人。

我知道你在想什么：我们比细菌聪明。

毫无疑问，我们的智慧的确超过地球上任何一种奔跑、爬行或滑行的生物。但人类到底有多聪明呢？我们烹制食物。我们创作诗歌和音乐。我们玩艺术，搞科研。我们擅长数学。就算你再不擅长数学，也肯定比最聪明的黑猩猩强得多，它们连除法都不会。

不过，从宇宙的角度来看，我们也许没有那么聪明。想象一下，也许有一种生命形式，他们和我们之间智慧的差距就像我们和黑猩猩的一样。对这样一个物种来说，我们最高的智力成就完全不值一提。他们的孩子学的可能不是芝麻街栏目里的ABC，而是高等数学。对这些生物来说，就连刚从外星幼儿园放学回家的小蒂米都比爱因斯坦聪明。

我们的基因——引导人类婴儿生长发育成大人的密码——和黑猩猩没有太大的差异。的确，我们比黑猩猩聪明一点。但事实上，我们只是自然的一部分，既不比任何东西高，也不比它们低，只是其中的一分子而已。

想知道你自己是由什么组成的吗？宇宙视角下的答案可能比你期待的更大。大质量恒星在其生命结束时发生剧烈爆炸，在火焰中锻造出了各种各样的化学元素，同时将生命所需的化学物遍洒在星系之中。结果呢？宇宙中四种最常见、化学性质最活跃的元素——氢、氧、碳和氮——也正是地球生命体内最常见的四种元素。

我们不光生活在这个宇宙里。

宇宙也生活在我们体内。

甚至有人说，我们不一定来自地球。科学家发现的信息让他们不得不重新思考，我们到底是谁，来自哪里。

第一，正如我们已经看到的，行星遭到大型小行星撞击后，冲击点周围的区域可能发生反冲，将飞溅的石块抛向太空。你可以试试，在床上放个小玩具，然后猛地跳到床垫上，你的冲击产生的能量会迫使玩具弹向空中。小行星撞击产生的巨大能量可能使某颗行星表面的石块飞向另一颗行星，并在那里安家落户。所以我们才会在地球上找到来自月球和火星的岩石。

第二，一些名叫微生物的小生命能承受太空旅行中极端的温度、压力和辐射条件。如果某些太空岩石来自一个有生命的星球，那么微生物可能安全地藏在里面。

第三，最新证据表明，我们的太阳系刚刚形成的时候，火星还很湿润，那里的环境可能富饶得足以孕育生命。

综上所述，这些发现告诉我们，生命可能起源于火星，然后藏在一块石头里来到了地球。所以地球上的所有住客可能——只是可能——都是火星人的后代。

千百年来，关于宇宙的新发现不断冲击着我们的自我认识。我们曾经认为地球是特别的。然后天文学家发现，我们的母星不过是围绕太阳运行的几颗行星之一。好吧，但太阳肯定是特别的，对吧？直到我们发现，夜空中数不清的星星其实都是太阳。

行吧，但我们的星系——银河系，肯定是特别的。

算不上。因为我们已经发现，天空中那些不计其数的模糊影子都是星系，散落在我们已知的宇宙中。

此时此刻，你很容易觉得我们的宇宙就是一切。但新的理论要求我们对其他可能性保持开放的心态，也许我们的宇宙只是众多宇宙中的一个，也就是说，我们只是一个更大的多重宇宙的一部分。

宇宙视角来自我们对宇宙的认识。但它又不仅仅是你了解的知识，你还得拥有相应的智慧和洞见，足以利用这些知识来评判我们在宇宙中的地位。它的属性一目了然。

☆宇宙视角来自科学前沿，但它不是科学家的专利，而是属于每一个人。

☆宇宙视角是谦逊的。

☆宇宙视角关乎精神，但不是宗教。

☆宇宙视角让我们得以同时把握宏观和微观，宇宙诞生之初比这个句子末尾的句号还小，现在已经膨胀成为直径几十亿光年的庞然大物。

☆宇宙视角让我们对异想天开的念头保持开放的心态，但又不至于开放到失去推理能力、轻易相信别人的说法。

☆宇宙视角让我们睁开眼睛看到真正的宇宙，它不是呵护、关怀生命的温床，而是一个冰冷、孤独、危险的地方，极端的空旷和各种危险天体都能以极快的速度消灭生命。这让我们得以理解所有人类的价值和重要性——甚至包括你烦人的兄弟姐妹和班上的小霸王。

☆宇宙视角让我们看到，地球不过是广阔宇宙中绕轨运行的一个暗淡蓝点。但这个小小的蓝点如此珍贵，至少现在，它是我们唯一的家园——这让我们更珍惜这颗稀有而温暖的星球。

☆宇宙视角不仅让你从行星、卫星和恒星的照片中发现美，也让你学会欣赏塑造了它们的普适定律，包括引力及其他。

☆宇宙视角帮助我们跳出自己所在的环境，意识到生命不只是金钱、名气、衣服、运动，就连分数也不是生命的全部。

☆宇宙视角提醒我们，太空探索不应该成为各国争抢新发现的竞赛，而是全人类共同的任务，所有国家应该联合起来，追求新的知识和经验。

☆宇宙视角不光告诉我们，任何生命都很珍贵，我们和地球上其他生命的共同点比你预想的更多，还让我们明白，或许人类和宇宙中等待我们去发现的其他生命也拥有同样的相似性。

☆宇宙视角让我们看到，组成你身体的原子和粒子广泛分布在宇宙中，所以我们和宇宙是一体的。

我希望你每周——即使不能每天——至少有一次抽出一点时间，想一想那些我们还没发现的宇宙真相。这些秘密正在等待一位聪明的思考者、一项别出心裁的实验或者一次充满创意的太空任务的到来。我们也许还可以想想，有朝一日，这些发现将如何改变地球上的生命。

行星地球上的生命如此匆匆，为了自己和后代，我们应该去探索。一部分原因是探索本身的乐趣：无论是派遣宇航员前往火星，还是向木卫二发射探测器，又或者是其他任务。除此以外，还有一个更高尚的理由：一旦停止对太空的探索，我们很可能倒退回孩子的视角，以为宇宙是围着自己转的，全世界只有一根做成了数字5的蜡烛。这将终结人类追寻知识和真相的旅程。所以我鼓励你努力去确保不会发生这样的事。人类的未来也许正取决于我们拥抱——而非恐惧——宇宙视角的能力。

名词表

反物质（antimatter）：物质是指占据空间的任何东西，包括质子、电子和其他基本粒子。每种粒子都拥有和自己处处相反的双胞胎反物质兄弟。但反物质存在的时间通常十分短暂。当质子与自己的反物质兄弟——反质子——相遇，它们会彼此摧毁，爆发出能量。

小行星（asteroids）：这些太空岩石绕太阳运行，有的像鹅卵石一样小，有的只比行星小一点，就像缩微版的行星，例如直径近1000千米的谷神星。火星和木星之间的小行星带里分布着几万颗这样的太空岩石。恐龙的灭绝就缘于一颗小行星。

原子（atom）：你看到、触摸到、闻到的所有东西都由原子构成。原子中央有一个原子核，它包含了至少一个带正电的质子，原子核外至少有一个电子绕着它运行。氢是宇宙中最简单也最常见的原子，除了氢原子以外，其他所有原子的原子核都包含中子。

大爆炸（big bang）：宇宙的诞生。组成星系、恒星、行星和生命的所有物质和能量从一个小得不可思议的空间迅速向外爆发。

彗星（comet）：太阳系里的这些旅行者是业余爱好者和专业天文学家的最爱，它们由冰和尘埃组成。冰造就了彗星的奇观，彗星靠近太阳时，冰很容易融化，从而形成一道气体和尘埃组成的可见的轨迹。

宇宙微波背景辐射（cosmic microwave background）：时至今日，宇宙诞生之初的余光仍存留在宇宙中。不过自大爆炸以来，宇宙一直在膨胀，所以这些光也被拉长，变成了更长的不可见的微波。虽然肉眼看不到这些微波，但我们的望远镜可以测量它们，这为科学家提供了关于早期宇宙的线索。

宇宙射线（cosmic rays）：宇宙中穿梭的这些高能粒子流携带极高的能量。宇宙射线对人类有害，但大气层为我们提供了一道安全的屏障。

宇宙（cosmos）：我们这个广阔、神秘而精彩的世界的另一个名字。一档介绍天体的科学系列节目也以它为题。

暗能量（dark energy）：宇宙膨胀的速度比我们预期的更快，目前我们对引力和物质总量的认识无法解释这一现象。额外的膨胀速度似乎来自一种神秘的力量，科学家将之命名为"暗能量"。

暗物质（dark matter）：通过对遥远星系和星系团的研究，天体物理学家发现，恒星似乎是被这种未知的、看不见的物质聚集起来的。因为我们看不见它，所以科学家叫它"暗物质"。要是你发现了暗物质的真面目，请务必告诉我。

电磁力（electromagnetic force）：宇宙的四种基本力之一，这种力让分子聚合成形，也让电子绕着带正电的原子核运行。

电子（electron）：一种带负电的粒子。据我们所知，你无法将电子分成更小的单位，所以我们叫它基本粒子。

元素（element）：原子的形式多种多样，具体取决于原子核包含的质子数，118种元素组成的化学元素周期表描述了宇宙中所有已知的原子类型。

系外行星（exoplanet）：绕太阳以外的恒星运行的行星。离我们最近的系外行星远在4光年外，也就是说，光需要全速前进整整4年才能到达那里。近年来，科学家发现了数以千计的系外行星。会不会其中有一颗孕育了生命？希望我们能够找到它。

星系（galaxy）：恒星、气体、尘埃和暗物质在引力束缚下组成的集合。

引力（gravity）：宇宙的四种基本力之二。引力的作用不仅是让你的脚踩在地面上。多亏了爱因斯坦，我们知道引力实际上会扭曲空间，将直线弯成曲线。

星系际空间（intergalactic space）：乍看之下，星系之间的这些黑暗空间似乎十分空旷，但这里却藏着许多奇怪的东西，例如流浪恒星和超热气体。见第四章"星系之间"。

轻子（lepton）：宇宙中最早出现的两种粒子之一。轻子热爱孤独，不爱成群结队。最广为人知的轻子是电子。

光年（light–year）：天体物理学家需要面对非常非常远的距离，对我们来说，千米和英里根本不够用。为了描述遥远天体的距离，我们引入了"光年"这个单位，它衡量的是每秒能跑3亿米的光在1年内行经的路程。

物质（matter）：任何占据空间的东西都可以被视作物质，包括你和你周围的所有东西——再加上组成万物的所有夸克和轻子。

中子（neutron）：原子核的成分之一。中子由夸克组成，但它不带电。这种粒子组成的中子星是宇宙中最奇特的天体之一。

原子核（nucleus）：原子的核心，由质子和中子（除了氢原子核以外）组成。

光子（photon）：携带光能的类似波的小包裹。

质子（proton）：原子核中带正电的成分，它由夸克组成，宇宙诞生后大约1秒，质子就已出现。作为宇宙中最简单也是最常见的元素，氢的原子核里只有1个质子。而重元素铁拥有26个质子。

脉冲星（pulsar）：中子星（见前文"中子"）在自转时会发射光束，就像宇宙中的灯塔。

夸克（quark）：你无法将这种基本粒子拆分成更小的单位，夸克有六种形式，和电子一样，它也是早期宇宙中最早出现的物质形式之一。如果没有夸克，就不会有质子、中子、原子，以及其他所有东西。

强力（strong force）：宇宙的四种基本力之三。强力将原子核内的质子和中子结合在一起。虽然它是四种力中最强的，但却只在极短的距离内起效。

弱力（weak force）：宇宙四种基本力中的最后一种。它控制着辐射衰变，也就是原子分裂并将部分物质转化为能量的过程。另外三种力负责结合宏观和微观的物质，而弱力的作用是慢慢将物质分开。

虫洞（Wormhole）：根据爱因斯坦的引力理论推出的最奇怪的概念之一。爱因斯坦发现，引力能扭曲时空，所以我们可以"抄近路"去往宇宙中的另一个地方。谁也没有真正看到过这样的隧道，但很多杰出的科学家认真思考过虫洞的概念，其中包括爱因斯坦本人。虫洞也是科幻作家最爱的工具之一。

索引

注：斜体页码代表照片或插图。

图片来源

碟状星系 NASA (http://www.nasa.gov/)/ESA(http://www.esa.int),The Hubble Key Project Team and the High-Z Supernova Search Team

晴朗的夜空 hellorf.com

焰火星系 NASA(http://www.nasa.gov/),ESA(http://www.spacetelescope. org/),STScI(http:// www.stsci.edu/),R.Gendler,and the Subaru Telescope(NAOJ)

13 NASA/JPL-Caltech

15 R.Stockli,A.Nelson,F.Hasler/NASA/GSFC/NOAA/USGS

24 NASA/JPL-Caltech

26 NASA/C.Reed

27 NASA,ESA,Hubble Heritage Team(STScI/AURA),J.Bell(ASU),and M.Wolff(Space Science Institute)

35 NASA,ESA,and the Hubble Heritage (STScI/AURA)-ESA/Hubble Collaboration. Acknowledgement:Robert A.Fesen(Dartmouth College,USA)and James Long(ESA/ Hubble)

36 NASA,ESA,Z.Levay(STScI)and A.Fujii

39 NASA

49 NASA/JPL-Caltech/Space Science Institute

50-51 hellorf.com